DAS

A B C

DES

SCHACHSPIELS.

ANLEITUNG

ZUR RASCHEN ERLERNUNG DES EDLEN SPIELS.

VON

J. MINCKWITZ,

LANGJÄHRIGEM REDACTEUR DER DEUTSCHEN SCHACHZEITUNG.

(G. E. CARPENTER.)

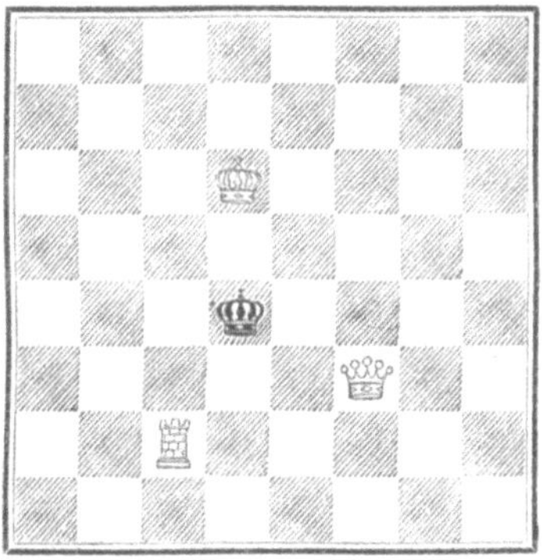

Weiss zieht an und setzt in zwei Zügen mat.

LEIPZIG,

VERLAG VON VEIT & COMP.

1879.

Druck von Metzger & Wittig in Leipzig.

Vorwort.

Die Zahl der für Anfänger im Schachspiel bestimmten Anleitungen ist nicht gering; trotzdem glauben wir an der Hand langjähriger Erfahrung, im unausgesetzten Verkehr mit Schachfreunden jeder Spielstärke, dass unser Schachbüchlein einem vielseitig empfundenen Bedürfniss entgegenkommt, eine Lücke in der Schach-Literatur ausfüllt.

Wir haben uns bestrebt, ein Werkchen zu schaffen, welches bei einfacher und klarer Darstellung den Schachjünger einweiht in die Regeln des königlichen Spieles, von den ersten Anfangsgründen bis zu dem Punkte der Theorie, wo die Praxis einzugreifen pflegt und ein eingehenderes Lehrbuch nöthig wird,*) das gleichzeitig aber hinsichtlich der Problemkunst und des schachlichen Weltverkehrs den heutigen Anforderungen entspricht. Ob uns dies gelungen, überlassen wir der Beurtheilung des Schachpublikums.

Leipzig, im August 1878.

Der Verfasser.

---

*) In dieser Hinsicht würde zunächst v. d. Lasa's vortrefflicher „Leitfaden für Schachspieler" zu empfehlen sein. Das berühmte „von Bilguer'sche Handbuch des Schachspiels" aber wird, an diesen anschliessend, denjenigen Spielern von grösstem Nutzen sein, die schon eine respectable Spielstärke sich angeeignet haben. Beide Werke sind im Verlag von Veit & Comp. in Leipzig erschienen.

Inhaltsverzeichniss.

Dritter Abschnitt.

Die Spieleröffnungen.

Vierter Abschnitt.

Einleitung.

Das Schachspiel ist auf der Höhe seiner jetzigen Ausbildung das complicirteste, am Tiefsten angelegte, den menschlichen Scharfsinn am Meisten herausfordernde und darum das schwierigste aller Spiele. Wesentliche Voraussetzung für eine möglichst vollkommene Behandlung des Schachspiels ist lange und eifrige Uebung in Theorie und Praxis, mit deren Hülfe allmählig rasche und sichere Uebersicht gewonnen wird. Seine kunstgerechte Ausübung bedingt vor Allem: ruhevolle Gemüthsstimmung, hiermit verbundene Klarheit der Ueberlegung und Ausdauer im Nachdenken. Kein anderes Spiel kann sich mit dem Schachspiel an Schönheit und Tiefe, Reichthum und Vielseitigkeit der Ideen messen. Es zieht den Geist von den Mühen und Sorgen des Lebens ab, gewährt nach glücklich durchgeführter Combination hohe Befriedigung und ist immer neu und reizend in Folge der unendlichen Verschiedenartigkeit seiner Wendungen. Da giebt es Züge, die solid und stark, listig und fein, vorsichtig und zaghaft, kühn und verwegen, pikant und bizarr, glänzend und überraschend sind. Auch das Glück spielt, wenngleich nur in geringem Grade, im Schach eine gewisse Rolle, weil die menschliche Berechnungsfähigkeit ohnmächtig wird gegenüber der Fülle und Ausdehnung der sich darbietenden Zugfolgen.

Trotz aller Uebung und trotz glänzendster Begabung gelingt es auch dem gewiegten Schachmeister doch nimmermehr, den ganzen und vollen Gehalt von Vorzügen und Schwächen der jemaligen Position im Augenblick des Spielens selbst ausfindig zu machen. Die sorgfältigste Berechnung scheitert gar häufig in Folge irgend einer unvorhergesehenen Spielwendung. — Die Fertigkeit des Meisters soll ideal gedacht darin bestehen, jedesmal im Verlaufe einer Partie den stärksten Zug zu finden. Der Meister aber soll erst noch geboren werden, dem dies auch nur in einem geringen Bruchtheil seiner Partieen glückt. Der gewissenhaftesten Analyse, der feinsten Correspondenzpartie sind hier und da Schwächen und Mängel, mindestens aber einzelne schneller zum Ziele führende Varianten nachzuweisen, die dem Spieler bei aller Sorgfalt entgangen sind.

Wenn man in das Schachspiel durch Uebung und Studium — denn Beides ist erforderlich — allmählig tiefer eingeweiht ist; wenn man sich hineingedacht hat in die Natur seiner schwierigen und prächtigen Combinationen, in die feinverschlungenen Fäden seiner Zugverbindungen, fühlt man sich unwillkürlich zu der Frage hingedrängt: ist dieses Spiel nicht vielmehr eine Kunst, ist es nicht eine Wissenschaft? Und in der That: was besteht für ein Unterschied zwischen der „Schachspielkunst“ und den anderen Künsten? Haben sie nicht manche Eigenschaft gemeinsam? Die Musik erquickt, erhebt und tröstet das Gemüth durch ihre Töne. Die Poesie begeistert und veredelt das menschliche Streben durch ihre in rhythmischen Wohlklang gefassten erhabenen und erhebenden Gedanken. Die Malerei und die Bildhauerkunst entzücken das Auge und die Phantasie durch die wahrheitsgetreue Wiedergabe der Naturgebilde. Aehnliche Eigenschaften besitzt die Schachspielkunst. Sie erquickt und tröstet das Gemüth für manchen herben Verlust, für manche Entbehrung, die das Leben mit sich führt, und lenkt den Geist durch das Anziehende und Fesselnde ihrer Combinationen zeitweilig von der Alltäglichkeit ab und versetzt ihn in eine beschauliche Stimmung. Sie veredelt das Streben, denn nicht materieller Vortheil, wiewohl auch der mühsam erworbenen Schachfertigkeit gestattet sein sollte, „nach Brod zu gehen“, sondern die reinere Freude des durch Nachdenken errungenen Sieges ist der Preis. Sie entzückt das Auge durch die Schönheit und Vollendetheit ihrer Positionsformen und erregt die Phantasie durch die oft so tiefliegende, wie elegante Zugführung. Die Lösung eines fein ersonnenen Schachproblemes gewährt dem Geist eine Befriedigung, welche jedem andern ästhetischen Genuss an die Seite gestellt werden darf. Die technischen Schönheiten und namentlich die Schlussstellung eines solchen Problemes gewinnen durch die Lebhaftigkeit der Phantasie häufig geradezu plastische Formen.

Es liesse sich streiten über den Werth oder Unwerth des Schachspiels, ebenso wie man über den praktischen Werth jeder andern Kunst sehr verschiedenen Auffassungen begegnet, denn der Gelderwerb ist nicht der Zweck wahrer Kunst. In bildender und gesellschaftlicher Beziehung nimmt jedenfalls das Schach eine hohe Stufe ein: es befreundet und verbrüdert die ihm Huldigenden.

Nicht allein von bedeutenden Schachschriftstellern, sondern auch von Autoritäten auf anderen Gebieten ist das Schach als eine förmliche Wissenschaft bezeichnet worden. Wohl lassen sich für eine derartige Ansicht ganz beachtenswerthe Gründe geltend machen. Wir wollen jedoch hiervon absehen und nur anführen, dass die Ausbildung, welche das Schachspiel im Laufe der Jahrhunderte, namentlich während der letzten Jahrzehnte gewonnen hat, eine höchst reichhaltige und umfängliche Litteratur hervorgerufen hat, sodass mindestens der Ausspruch berechtigt ist: die Theorie des Schachspiels ist aus kleinen Anfängen zur jetzigen Höhe ihrer Entwickelung in systematischer, wissenschaftlicher Weise fortgebildet worden.

Das Schachspiel ist, Jahrhunderte vor unserer Zeitrechnung, freilich in anderer Form und mit zum Theil anderer Gangweise der Figuren, in den Reichen Asiens geübt worden. Nach Europa wurde es namentlich durch die Kreuzfahrer verpflanzt. Ueber seine Entstehungsweise haben sich verschiedene Sagen gebildet. Nach der bekanntesten soll der angebliche Erfinder, ein Brahmine, von seinem Herrscher aufgefordert, eine Belohnung sich auszubitten, die scheinbar geringe Weizenmenge gefordert haben, welche sich ergiebt, wenn auf das erste Feld der 64 Schachfelder 1 Weizenkorn, auf das zweite 2 Weizenkörner, auf das dritte 4, u. s. f., auf jedes folgende doppelt soviel, wie auf das vorhergehende, gelegt wird. Die Zahl der Weizenkörner auf den 64 Feldern beträgt insgesammt 18,446,744,073,709,551,615 Stück.

Im Mittelalter wurde das Schach vornehmlich in den Klöstern, auch an den Höfen gehegt und gepflegt. In neuerer Zeit hat das königliche Spiel an Verbreitung unvergleichlich gewonnen. Es ist in vielen Familien eingebürgert, und man sieht es nicht nur in den Kaffeehäusern häufig spielen, sondern es bestehen auch zahlreiche Vereine, welche sich die Pflege des Spiels ausschliesslich zur Aufgabe gemacht haben. Für Deutschland gab den Anstoss zum lebhaftesten Schachcultus der Sieg Anderssen's auf dem grossen Schachturnier zu London während der Weltausstellung 1851. Die romantische Schachfahrt des genialen Amerikaners Paul Morphy in den Jahren 1858 und 1859*) hatte eine Aufregung der ganzen schachkundigen modernen Welt zur Folge. Häufig veranstaltete grössere und kleinere Congresse trugen seitdem ungemein zur Hebung und Förderung des edlen Spieles bei. Glänzende Schachversammlungen wurden zu London 1862, zu Paris 1867, zu Baden-Baden 1870 und in Wien 1873, zu Leipzig 1877 (der Anderssen-Congress) veranstaltet. Recht beachtenswerth waren auch die verschiedenen kleinen deutschen Turniere in den Rheinlanden, in Hamburg-Altona und Leipzig.

Zum Schluss noch eine Andeutung für den Schachfreund. Die reiche Erfahrung vieler Jahrhunderte hat Werth und Bedeutung des Schachspiels ausser allem Zweifel gesetzt: aber wer dasselbe lernen will, muss Geduld, Lust und Liebe zur Sache mitbringen. Wochen, Monate werden vergehen, ehe er tiefer in die Combinationen, in den Geist, in die Feinheiten einzudringen vermag. Lasse der Lernende sich Zeit und Mühe nicht verdriessen, denn er wird sich schliesslich belohnt finden. Der Stümper vermag die Schönheiten des Spieles nie zu fassen; der Meister grübelt über die Tiefe des Spieles und die nicht genügend gewürdigte Bedeutung desselben nach, indess die profane Welt, der Laie, lächelt und spöttelt über die langweiligen Menschen, welche mit Puppen aus Holz oder Elfenbein Stunden auf Stunden vergeuden. Nur vergessen die klugen Leute dabei, dass andere Vergnügungen ebenso zeitraubend, meistens aber kostspieliger sind. Alles was im Uebermaass geschieht, wirkt nachtheilig; desshalb kann auch das Schachspiel nachtheilig wirken, nicht minder aber jede andere Beschäftigung. Lassen wir uns daher nicht beirren, nicht uns kümmern das Vorurtheil des Laien, nicht das Bedenken des Meisters, sondern begnügen wir uns mit der Thatsache und freuen uns der schönen Geisteserholung!

---

*) Vergl. Paul Morphy, Skizze aus der Schachwelt. Leipzig, Veit & Comp.

Erster Abschnitt.

Vorkenntnisse, Grund- und Spielregeln.

Das Schachmaterial und der Aufsatz (die Aufstellung).

Das Schach ist ein Bretspiel, in welchem zwei Parteien, abwechselnd einen Stein ziehend, miteinander um den Sieg ringen. Das Schachmaterial besteht aus dem Schachbret (das genau so beschaffen ist, wie das bekannte Damenbret), und den Schachfiguren oder Schachsteinen.

Das Schachbret ist eingetheilt in acht Felderreihen von je acht, in zwei Farben abwechselnd unterschiedenen Quadrat-Feldern. Dasselbe zählt demnach 64 Felder, von denen 32 weiss und 32 schwarz sind — d. h. man bezeichnet zwar die beiden Farben stets mit weiss und schwarz, sie sind im Grunde jedoch gewöhnlich nur hell und dunkel. Die acht senkrechten Felderreihen hat man in Deutschland*) von links nach rechts mit a, b, c, d, e, f, g, h benannt, die acht wagerechten von unten nach oben mit 1, 2, 3, 4, 5, 6, 7, 8, sodass jedes einzelne der 64 Felder seinen Buchstaben und seine Ziffer besitzt. Das Schachbret wird stets so aufgelegt, dass jeder der beiden Spieler zu seiner Rechten ein weisses**) Eckfeld hat. Die Schach-

*) Im Englischen und Französischen bezeichnet man die senkrechten Reihen mit dem Namen der darauf gehörigen Figur, die wagerechten, ausgehend von der Seite der ziehenden Partei, mit Ziffern, z. B. unser e5 von Weiss ausgehend: das fünfte Feld des Königs; von Schwarz dagegen das vierte Feld des Königs. Oder unser f3: das dritte Feld des Königsläufers (von Weiss), das sechste Feld des Königsläufers (von Schwarz).

**) Ein durch die Zeit geheiligter Gebrauch, für den jedoch kein bestimmter Grund angeführt werden kann; denn ebensogut könnte ein schwarzes Feld rechts sein.

figuren oder Schachsteine, deren jeder der zwei Spieler sechzehn und zwar acht sogenannte Figuren*) und acht Bauern erhält, und zwar der eine Spieler die 16 hellen (weissen) Steine und der andere die 16 dunklen (schwarzen) Steine, heissen und werden bezeichnet wie folgt:

♔ König, ♚

♕ Dame oder Königin, ♛

♖ ♖ Zwei Thürme oder Rochen, ♜ ♜

♗ ♗ Zwei Läufer oder Laufer, ♝ ♝

♘ ♘ Zwei Springer oder Rössel, ♞ ♞

♙ ♙ ♙ ♙ ♙ ♙ ♙ ♙ Acht Bauern. ♟ ♟ ♟ ♟ ♟ ♟ ♟ ♟

Der König ist die wichtigste Figur des Schachspieles; er ragt durch seine Grösse über die anderen Schachsteine hinweg. Dann folgt die etwas kleinere Königin. Die Thürme haben eine thurmähnliche Gestalt, die Läufer ähneln den Bauern, doch sind sie grösser; die Springer sind an dem Pferdekopf kenntlich**).

Bei Beginn eines Spieles werden die 16 Steine jeder Partei je auf die beiden ersten Felderreihen des Bretes aufgestellt, derart, dass auf die vier Eckfelder (a 1, h 1, a 8, h 8) die Thürme, neben dieselben (auf b 1, g 1, b 8, g 8) die Springer, neben diese dann (auf c 1, f 1, c 8, f 8) die Läufer zu stehen kommen. Die weisse Dame sodann kommt auf das weisse Feld neben dem Läufer auf schwarzem Felde, der weisse König auf das schwarze Feld neben dem Läufer auf weissem Felde und neben der Dame. Die schwarze Dame auf das schwarze Feld neben dem Läufer auf weissem, der schwarze König auf das weisse Feld neben dem Läufer auf schwarzem Felde und neben der Dame. König und Dame also stets auf die beiden mittleren Felder der Officierreihe und zwar die Dame auf das Feld von der Farbe ihrer Partei, der König auf dasjenige von der Farbe der entgegengesetzten Partei. Die Bauern endlich: die weissen auf die Felder vor

*) Die Figuren heissen auch „Officiere".

**) Die Thürme haben mitunter auch die Gestalt von Elephanten, die Springer das Aussehen von Rittern.

den weissen Officieren (zweite Reihe), die schwarzen auf die Felder vor den schwarzen Officieren (siebente Reihe). Siehe das Diagramm (Riss des Schachbretes):

Schwarze Partei (Schwarz).*)

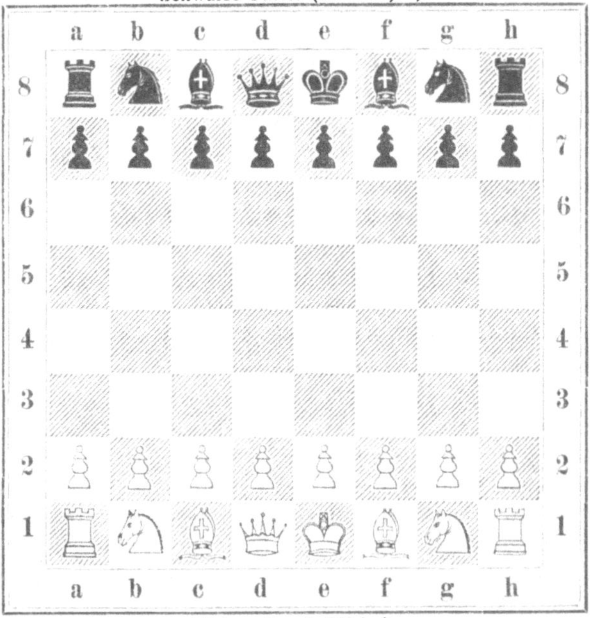

Weisse Partei (Weiss).

Der Lernende wird wohl daran thun, sein Schachbret ebenfalls mit Buchstaben und Ziffern zu versehen, was ihm anfänglich den Ueberblick erleichtert. Nach einiger Uebung werden ihm die Namen (Bezeichnungen) der Felder bald ganz geläufig werden.

Gang- und Schlagweise der Schachsteine.

Die verschiedenen Schachsteine haben ihre besondere Art und Weise sich zu bewegen, Gangweise genannt. Die Officiere

*) Bei der Aufzeichnung von Partieen pflegt man die beiden unteren Felderreihen (1 u. 2) der weissen, die zwei oberen (7 u. 8) der schwarzen Partei einzuräumen. Diese Anordnung ist durchgängig bei allen in diesem Büchlein enthaltenen Diagrammen befolgt.

können sich vor- und rückwärts bewegen, der Bauer dagegen darf nur vorwärts gehen.

Auf einem Felde darf stets nur eine Figur stehen, doch kann ein Stein der einen Partei nach bestimmten Regeln einen Stein der feindlichen Partei nehmen oder schlagen, d. h. der schlagende Stein stellt sich auf den Platz des geschlagenen Steines, indem zugleich der letztere vom Bret entfernt wird. — Die Officiere schlagen in derselben Weise wie sie gehen, die Bauern dagegen schlagen abweichend von ihrer Gangweise. Mit Ausnahme des Königs dürfen alle Steine geschlagen werden; doch bedingt die Möglichkeit des Schlagens niemals die Nothwendigkeit desselben, d. h. die Partei, welche einen feindlichen Stein schlagen könnte, ist deshalb noch nicht, wie es in dem Damenspiel üblich ist, verbunden, von solcher Möglichkeit Gebrauch zu machen.

Der **König** darf von seinem jedesmaligen Standpunkte aus nur die unmittelbar angrenzenden Felder betreten, also stets nur einen Schritt auf einmal machen. Steht derselbe z. B. auf dem Felde f3, so kann er von da aus nach e2, e3, e4, f2, f4, g2, g3 und g4 ziehen, doch muss er sich strengstens hüten, ein Feld zu beschreiten, welches von einem feindlichen Stein bestrichen wird.

Die **Dame** besitzt eine ungleich grössere Beweglichkeit. Dieselbe darf sowohl in gerader (senkrechter wie wagerechter), wie in schräger (diagonaler) Richtung, natürlich nur Eines auf einmal, nach allen Seiten hin über beliebig viele unbesetzte Felder sich bewegen. Zum Beispiel von e4 aus kann sie in gerader Richtung nach e3, e2, e1, e5, e6, e7, e8, a4, b4, c4, d4, f4, g4, h4 und in schräger nach d3, c2, b1, f5, g6, h7, d5, c6, b7, a8, f3, g2 und h1 ziehen. Von d6 kann sie u. A. nach h6, nach d1, nach a3, f8, b8; von a1 nach a8, g7 oder h8 u. s. w.

Die Dame vereinigt in sich, wie wir gleich sehen werden, die Zugweise des Thurmes und des Läufers und ist die gewaltigste Figur.

Der **Thurm** zieht nur in gerader Richtung, also senkrecht oder wagerecht über beliebig viele unbesetzte Felder. Von a1 kann er bis nach a8 oder h1, von d5 bis d8, d1, a5 oder h5 gehen.

Der **Läufer** zieht nur schräg (diagonal) über beliebig viele unbesetzte Felder der Farbe seines Standfeldes. Zum Beispiel der schwarze Läufer von Weiss (c1 schwarzes Standfeld) soll von seinem Felde nach e3 gegangen sein, von wo aus er dann nach d4, von d4 nach e5, f6, g7, h8, oder von e3 nach c1, d2, b6, g1 u. s. w. ziehen darf. Oder der weisse Läufer von Schwarz (c8 weisses Standfeld) wurde nach g4 gezogen, von wo aus er nach d1, e2, f3, h5, h3, e6 u. s. w. gehen kann, wenn die Linien frei sind.

Der **Springer** ist für den Anfänger eine schwer zu handhabende Figur. Er zieht, sein Standfeld eingerechnet, nach allen Richtungen hin jemalig in ein drittes Feld von anderer Farbe als das Standfeld, d. h. er macht zwei Schritte, einen geradeaus und einen schräg, oder auch umgekehrt einen schräg und einen geradeaus. Der Springer ist die einzige Figur, welche über Steine, gleichviel ob eigene oder gegnerische, hinwegziehen (springen) darf. Gesetzt, das Rössel stehe auf f3, wohin es von g1, e1, d2, d4, e5, g5, h2, h4 gelangt sein kann; von f3 ziehe es nach e5 und dieses Feld sei vollständig umrahmt von besetzten Feldern; siehe Diagramm:

SCHWARZ.

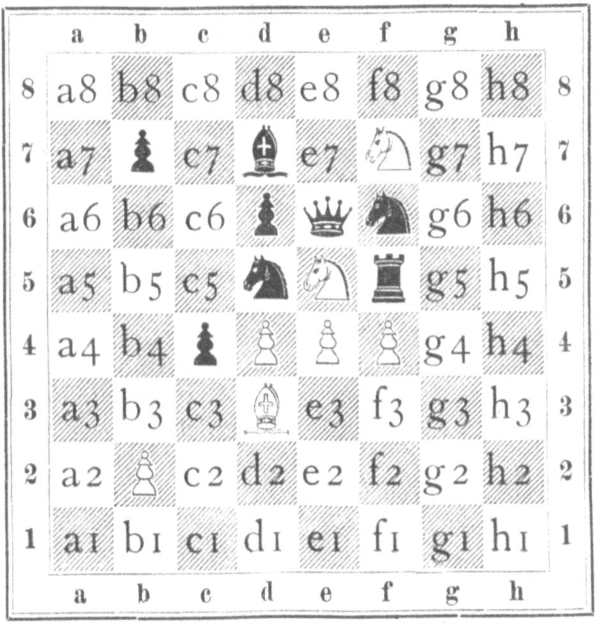

WEISS.

In dieser Stellung kann der Springer z. B. über die von Steinen besetzten angrenzenden Felder hinweg nach den unbesetzten Feldern f 3, c 6, g 6, g 4 hüpfen; den schwarzen Bauer auf c 4 und den schwarzen Läufer auf d 7 kann er schlagen, kann also auf diese beiden Felder ebenfalls springen — dagegen ist ihm nicht gestattet auf die Felder d 3 und f 7 zu gehen, da ersteres von einem weissen Läufer, letzteres von einem weissen Springer besetzt ist. Der Springer auf f 7 wiederum kann nicht nach e 5 gehen, auf d 6 kann er jedoch schlagen oder eines der unbesetzten Felder d 8, g 5, h 6, h 8 besetzen.

Der **Bauer** geht nur gerade aus und zwar nur einen Schritt auf einmal auf das unmittelbar vor ihm liegende Feld; nur bei seinem ersten Zug darf er von seinem Standfelde aus zwei Schritte auf einmal machen. Der Bauer kann also von der zweiten (siebenten) Linie gleich in die vierte (fünfte), oder auch nur in die dritte (sechste) rücken; sobald er jedoch schon einmal gezogen hat, darf er nur noch von Feld zu Feld geradeaus schreiten. Niemals zieht oder schlägt der Bauer rückwärts. Gelangt ein Bauer in die letzte Felderreihe, so würde er daher nicht weiter können, sondern müsste unthätig stehen bleiben. Er wird jedoch in diesem Falle sofort in einen beliebigen Officier (Dame, Thurm, Läufer, Springer) umgewandelt, gleichviel ob der gewählte Officier noch auf dem Bret vorhanden ist oder nicht. Auf diese Weise kann eine Partei also über zwei und mehr Damen, drei und mehr Thürme, Springer, Läufer verfügen.

Die Schlagweise der Bauern unterscheidet sich von derjenigen der Officiere, die ebenso schlagen, wie sie ziehen. Der Bauer zieht gerade aus und bedroht die zwei nächsten ihm schrägvorwärts links und rechts zur Seite liegenden Felder. Betrachten wir die Bauern in dem vorhergehenden Diagramm. Der weisse Bauer auf e 4 kann nicht weiter ziehen, so lange der weisse Springer auf e 5 steht; dagegen bedroht er die Felder d 5 und f 5, welche beide von feindlichen Figuren besetzt sind, deren Wegnahme durch ihn nichts entgegensteht. Die weissen Bauern d 4 und f 4 sind festgerannt. Der schwarze Bauer auf c 4 kann den weissen Läufer auf d 3 schlagen, oder auch vorbei nach c 3 ziehen. Der schwarze Bauer d 6 kann den weissen Springer e 5 erobern. Der schwarze Bauer b 7 darf ganz nach Belieben einen oder zwei

Schritte machen; auf b 6 würde er die Felder a 5 und c 5, auf b 5 die Felder a 4 und c 4 bedrohen. Nun bleibt noch übrig der weisse Bauer auf b 2, der ebenfalls, weil noch auf seinem ersten Standpunkte befindlich, einen oder zwei Schritte vorgehen kann. Zieht er nur einen Schritt, so bedroht er den schwarzen Bauer c 4 und dieser ihn; zieht er aber zwei Schritte, so tritt der besondere Fall des En-passant-Schlagens (Schlagen im Vorübergehen) ein. Ein schwarzer Bauer, der bis in die vierte Reihe (z. B. also c 4), oder ein weisser Bauer, der bis in die fünfte Reihe (z. B. c 5) vorgedrungen ist, kann nämlich einen gegnerischen Bauer, welcher mit zwei Schritten an ihm vorübergezogen ist, schlagen, indem er sich auf dasjenige Feld schrägüber stellt, welches der feindliche Bauer eingenommen haben würde, wenn er nur einen Schritt gegangen wäre. Will z. B. der weisse Bauer b 2 zwei Schritte (nach b 4) ziehen, so darf der schwarze auf c 4 ihn, der vorüber will, nach b 3 hinüber schlagen. Er darf ihn jedoch auch passiren lassen; hätte die schwarze Partei aber keinen andern Zug als dies „Schlagen im Vorübergehen", so träte Zwang ein, und sie wäre dann genöthigt, mit c 4 den Bauer b 3 zu schlagen.

Wenn ein Bauer geschlagen hat, so marschirt er auf der Linie, auf die er in Folge des Nehmens gelangt ist, in gerader Richtung weiter. Es kann vorkommen, dass ein Bauer durch öfteres Schlagen läuferartig schräg über das ganze Bret wandelt, oder dass er eine Zickzacktour über dasselbe beschreibt.

Anzug, Nachzug, Tempo.

Die Bewegung eines Steines, welche von beiden Parteien abwechselnd geschieht, heisst „Zug". Die Frage, wer bei Beginn eines Spiels (einer Partie) den ersten Zug zu thun habe, wird durch das Loos entschieden. Einer der beiden Spieler nimmt in eine Hand einen weissen, in die andere einen schwarzen Stein. Der andere Spieler wählt und erhält, falls er den weissen Stein trifft, die weissen Figuren und den ersten Zug oder den Anzug, im Gegenfalle die schwarzen Figuren und damit den Nachzug. Weiss hat somit vor Schwarz einen Zug, ein Tempo voraus, was jedoch, obgleich ein Tempo oft sehr wichtig ist, und Tempogewinn oder Tempoverlust im Verlauf der Partieen häufig die Entscheidung zur Folge hat, in diesem Fall als ein Vortheil für Weiss nicht betrachtet werden kann.

Das Schachbieten.

Sobald ein Stein so gezogen wird, dass er den feindlichen König angreift, d. h. diesen im nächsten Zug schlagen könnte, wird der Zug mit dem Warnungsruf „Schach" begleitet. Gegen diese Bedrohung des Königs, welche man „Schach bieten", „Schach dem König" nennt, muss der König unmittelbar geschützt werden, wozu sich die folgenden Möglichkeiten bieten:

1) entweder man zieht den König auf ein Feld, welches von feindlichen Steinen nicht bedroht wird;
2) oder man schlägt den schachbietenden Stein;
3) oder man zieht einen seiner Steine zwischen den feindlichen Stein und den König (d. h. man unterbricht die Angriffslinie der feindlichen Figur auf den eigenen König oder man deckt das gebotene Schach).

Gegen das Schach des Springers oder Bauern helfen nur die ersten beiden Wege.

Das vorstehend erläuterte, durch einen Stein direct erfolgende Angreifen des Königs heisst ein einfaches oder directes Schach. Ein aufgedecktes oder Abzugs-Schach dagegen ist ein solches, welches durch die bei Hinwegziehung eines Steines freiwerdende (aufgedeckte) Wirksamkeit einer dahinter postirten Figur geboten wird.

Mit dem Abzugs-Schach eng verknüpft ist das Doppelschach, welches ein aufgedecktes und ein directes Schach in sich vereinigt. Steht z. B. eine unserer Figuren zwischen einer andern und dem gegnerischen König, und wir bieten mit dieser Figur Schach, so entblössen wir gleichzeitig die dahinterstehende, welche dann ebenfalls den König bedroht. Vor diesem zwiefachen Schach kann nur der König selbst sich retten, indem er auf ein anderes, nicht angegriffenes Feld flieht; seine Figuren können ihn nicht dagegen schützen, weil sie nicht zwei Züge gleichzeitig machen dürfen, nicht die beiden schachbietenden feindlichen Steine gleichzeitig unschädlich machen können. Man vergleiche das nächste Diagramm.

Ewiges oder immerwährendes Schach (échec perpétuel)

ist ein solches, bei welchem eine Partei unbehindert fortwährend Schach bieten kann, ohne doch im Stande zu sein, mat zu machen, weil entweder der bedrohte König von einem Feld auf das andere wechselt, oder durch continuirliches Dazwischenziehen einer Figur gedeckt wird.

Endziel des Spieles oder der Partie.

Das Endziel oder die Pointe des Schachs beruht darin, dass jede der beiden sich bekämpfenden Parteien durch geschicktes Manövriren mit den ihr gehörigen Figuren, die Truppen des Gegners so weit einzuengen oder zu decimiren sucht, bis der feindliche König, entblösst von genügenden Vertheidigungsmitteln, erobert, beziehentlich matgesetzt*) wird. Sobald die eine Partei dieses Ziel erreicht hat, ist die Partie unter allen Umständen zu Ende und der matsetzende Spieler hat dieselbe gewonnen.

Das Schachmat.

Mat oder schachmat ist der König, wenn ihm von einem Stein Schach geboten wird, und dieser Stein auf keine Weise geschlagen oder sonstwie unschädlich gemacht werden kann, der König aber die angrenzenden Felder, weil dieselben entweder von gegnerischen Steinen bestrichen werden, oder von eigenen besetzt sind, nicht betreten darf, er also vertheidigungslos dem gebotenen Schach preisgegeben ist. Die Partie ist dann aus und der matgesetzte Spieler hat sie verloren.

Zum Schlagen selbst kommt es nicht, sondern man schliesst oder bricht das Spiel ab, wenn es Thatsache ist, dass der König matgesetzt ist. Auch pflegt man es nicht bis zum Mat selbst kommen zu lassen, wenn eine Partei so beträchtlich in Nachtheil gekommen ist, dass ihre Stellung rettungslos ist und das Matwerden auf die Dauer unabwendbar erscheint, sondern das Spiel schon früher als verloren aufzugeben.

Verdeutlichen wir uns nun das Schachbieten und das Schachmat durch das nachstehende Diagramm:

*) Wir schreiben mat, ebenso pat nur mit einem „t“, weil das Wort aus dem Arabischen stammt und dort auch nur mit einem „t“ geschrieben wird; man kann es jedoch recht gut auch germanisiren und „matt“ schreiben.

Schwarz.

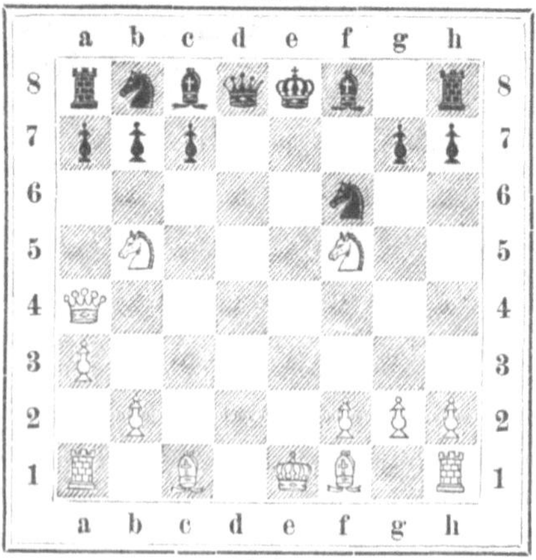

Weiss.

Weiss kann folgende einfache Schachs geben:

1) Springer f5 zieht nach d6 und bietet Schach, worauf Schwarz zwar den König einfach aus der bedrohten Stellung ziehen könnte, es jedoch nicht thun wird, da er den Springer auf drei verschiedene Arten nehmen kann: nämlich durch den Bauer c7, den Läufer f8 und die Königin von d8.

2) Springer f5 nimmt den Bauer g7 und bietet Schach. Schwarz zieht abermals den König nicht, sondern nimmt den Springer mit Läufer f8.

3) Dame a4 kann nach e4 gehen und Schach bieten; sie wird dies jedoch nicht thun, da der schwarze König zwar nach f7 oder d7 fliehen, oder der Läufer c8 nach e6 (wäre ein sehr schlechter Zug), oder die Dame d8 nach e7 oder endlich der Läufer f8 nach e7 schützend vorziehen könnte, für Schwarz aber alle diese Züge nicht in Betracht kommen, denn wenn die weisse Dame auf e4 ziehen würde, so würde sie, die stärkste Figur des Weissen, von dem Springer f6 einfach weggenommen werden.

Weiss kann folgende Abzugs-Schachs geben:

1) Springer b5 zieht nach c3 oder d4 mit aufgedecktem Schach durch die Dame.

2) Springer b5 nimmt den Bauer a7. Dieser Zug zeigt, wie gefährlich ein aufgedecktes Schach häufig sein kann, ja meist ist, denn Weiss kann nun, weil Schwarz sich vor dem Schach schützen muss (was durch Ziehen des Königs, des Springers b8 nach c6 oder d7, des Bauern c7 nach c6, des Läufers c8 nach d7, der Dame d8 nach d7, des Springers f6 nach d7 geschehen kann), den Thurmbauer mit dem Springer, ohne letzteren Gefahren auszusetzen, nehmen.

Weiss kann zwei Doppelschachs geben:

1) Springer b5 nimmt den Bauer c7 unter gleichzeitigem Schachbieten. Durch diesen Zug wird aber auch die Schlaglinie der Königin frei und diese bedroht nun gleichfalls den König. Es sind demnach durch einen Zug zwei Schachs geschaffen worden: durch den Springer und durch die Dame. Der schwarze König ist genöthigt nach f7 zu gehen, welches das einzige ihm offenstehende Feld ist.

Alle die vorstehend erläuterten Schachzüge wird Weiss aber nicht thun, denn sie taugen grossentheils nichts und verschwinden in ihrer Wirkung gegen einen viel bessern, einen entscheidenden Zug, nämlich das andere Doppelschach:

2) Springer b5 nach d6 und Schach durch Springer wie Dame.

Wie zieht Schwarz hierauf? Kann er den Springer nehmen? Nein, denn auch die Dame bietet Schach! Kann er einen Stein dazwischen ziehen? Nein, denn auch der Springer bietet Schach!

So muss er den König ziehen, aber wohin? Das Feld e7 beherrscht der Springer f5, die Felder d7 und e8 die weisse Dame, die Felder f7 und nochmals e8 der Springer d6; auf d8 steht die schwarze Dame, auf f8 der schwarze Königsläufer. Der schwarze König kann sonach dem feindlichen doppelten Schach sich auf keine Weise entziehen und ist daher matgesetzt.

Auch Schwarz kann einige Schachs geben, nämlich:

1) Läufer f8 nach b4 mit Schach, 2) Dame d8 nach d1 mit Schach, 3) Dame d8 nach e7 mit Schach,

die jedoch alle drei ganz schlecht sind. Warum? Dies möge der geneigte Schachfreund selbst ergründen; es ist leicht zu finden.

Die Rochade.

Zu den Grundgesetzen des Schachspiels gehört es, dass eine Partei niemals zwei Züge zu gleicher Zeit machen kann. Einmal aber in jedem Spiel ist es jeder Partei gestattet, gleichzeitig den König und den Thurm zu bewegen. Diese Ausnahme heisst: die Rochade, die nur für einen Zug gerechnet wird. Die Rochade oder der Rochadedoppelzug besteht darin, dass der König entweder zwei Schritte nach der einen Seite hin macht und mit dem Königs-Thurm wechselt, wobei sich der Thurm auf das hierbei von dem König übersprungene Feld stellt (Königsthurm-Rochade, auch kurze Rochade genannt), oder dass der König zwei Schritte nach der andern Seite macht und mit dem Damenthurm (Damenthurm-Rochade, auch lange Rochade genannt) wechselt, welcher sich ebenfalls auf das alsdann vom König übersprungene Feld stellt. Im ersteren Fall macht der Thurm zwei, im letzteren drei Schritte. Stets kommt der Thurm neben den König. Die Rochade ist jedoch nur dann gestattet:

1) Wenn weder der König, noch der Thurm, mit dem man rochiren will, bis dahin gezogen hat.
2) Wenn alle Felder zwischen König und Thurm leer sind.
3) Wenn der König nicht im Schach steht (dagegen darf ihm schon Schach geboten worden sein).
4) Wenn keines der beiden Felder, die für den König bei der Rochade in Betracht kommen, feindlicherseits bestrichen wird (der Thurm hingegen darf über das bestrichene Feld hinweg und darf auch ziehen, wenn er angegriffen ist).

Die Königsthurm-Rochade wird also folgendermaassen vollführt: König e1 nach g1 (König e8 nach g8) und Thurm h1 nach f1 (Thurm h8 nach f8). Die Damenthurm-Rochade: König e1 nach c1 (König e8 nach c8) und Thurm a1 nach c1 (Thurm a8 nach c8).

Die Rochade dient einerseits dazu, den König von dem vielen Angriffen ausgesetzten Mittelfelde hinweg in eine gesichertere Stellung zu bringen, andererseits die Thürme frühzeitig zu entwickeln, in das Spiel zu bringen. Die raschere Entwickelung einer Partei verleiht derselben gewöhnlich den Angriff. Der Angriff aber, die Initiative, ist die Seele des Spiels. Daher ist im Allgemeinen eine frühzeitige Rochade empfehlenswerth, wie es gewöhnlich von Nutzen ist, den Gegner möglichst lange oder vollständig an der Rochade zu hindern.

Die Opposition.

Der König kann unter Umständen zu einer höchst werthvollen Figur werden und eine active Rolle übernehmen. Die Art, wie er nämlich dem feindlichen König gegenüber tritt, diesem die Felder abschneidet, beziehentlich ihn zwingt, Raum zu geben, nennt man die Opposition, d. i. Entgegenstellung. Namentlich bei einem Endspiel, in welchem nur noch Bauern vorhanden sind (Bauern-Endspiel), ist diese Opposition oft von entscheidender Wichtigkeit, und es kommt viel darauf an, dieselbe zu gewinnen. Dies ist mitunter nur dadurch möglich, dass man scheinbar ein Tempo verliert, d. i. einen Zug weniger vorwärts macht.

Abkürzungen und Zeichen.

Zur Vereinfachung der Angabe von einzelnen Zügen oder von ganzen Partieen sind eine Anzahl Abkürzungen eingeführt worden, deren Einprägung nothwendig ist.

K bedeutet König,
D „ Dame,
T „ Thurm,
L „ Läufer,
S „ Springer,
o—o „ Rochade mit dem Königsthurme,
o—o—o „ Rochade mit dem Damenthurme,
: „ nimmt (schlägt),
† „ Schach,
†† „ Doppelschach,
:† „ nimmt mit Schach,
‡ „ Mat,
:‡ „ nimmt mit Mat,
! „ guter oder bester Zug,
? „ kein guter Zug,
?? „ sehr schlechter Zug,
∼ „ zieht beliebig.

Diese Zeichen in Verbindung mit den Feldernamen bilden die Notation. Eine gemeinschaftliche Notation (Universalschachsprache) für die ganze gebildete Schachwelt giebt es bis jetzt nicht, obwohl mehrfach Vorschläge in dieser Hinsicht gemacht worden sind. — Die Notation besteht darin, dass das Feld, auf dem der Stein gestanden hat, und dasjenige, wohin er gezogen hat, durch einen Strich (—) getrennt nebeneinander geschrieben werden.

Der Bauer wird nicht wie die Officiere durch seinen Anfangsbuchstaben B bezeichnet, sondern es genügt bei ihm einfach die Angabe des Feldes; den Bauer z. B. auf e2 bezeichnet man einfach mit e2; e2—e4 heisst: der Bauer e2 ist nach e4 gezogen.

Verschiedene Mat-Arten; Mat-Ankündigung; Opfer.

Wenn eine Partei Schach bietet, so hat sie, wie schon erwähnt, „Schach!“ zu sagen. Wenn eine Partei matsetzt, so hat sie damit den Ausruf „Schach und Mat“ oder „Schachmat“, oder auch blos „Mat“ zu verbinden. Dies sind, wie auch die Lage des Schachbretes, durch Gebrauch und Zeit geheiligte Bestimmungen, die im Grunde nichts zu bedeuten haben und als überflüssig bezeichnet werden könnten. Eigentlich müsste der blosse Zug genügen. Indessen sind diese althergebrachten Bestimmungen ganz lobenswerth aus praktischen Gründen, und wir möchten durchaus nicht daran gerüttelt wissen. Wenn ein Spieler Schach zu sagen vergisst, muss der angegriffene König nichtsdestoweniger geschützt werden. Wenn aber ein Spieler matsetzt, ohne es zu bemerken, folglich auch, ohne Schachmat zu sagen, so gilt ein solcher „Sieg aus Versehen“ zwar ebenfalls als Sieg, jedoch für minder ehrenvoll, als ein reeller, und der also Matsetzende muss sich gewöhnlich und mit Recht einige Spottreden gefallen lassen. Ein derartiges Mat heisst ein blindes Mat.

Nicht eben selten bietet sich im praktischen Spiel eine ähnliche Stellung dar, wie die nachfolgende, in welcher ein Springer von entscheidender Wirksamkeit wird:

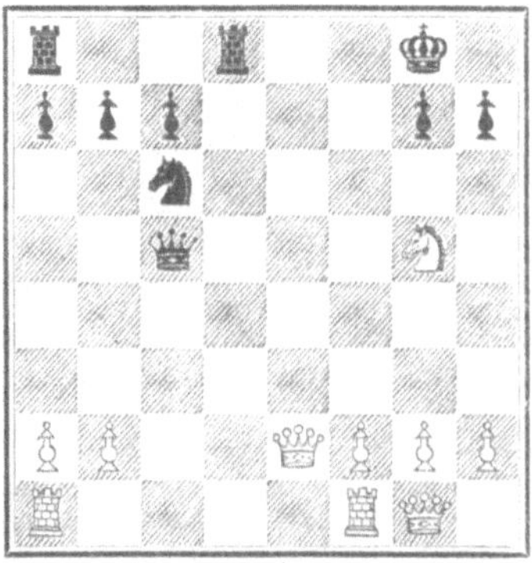

Weiss zieht und kündigt ein Mat in spätestens fünf Zügen an, nämlich:

1. De2—e6† Kg8—h8!
2. Sg5—f7† Kh8—g8
3. Sf7—h6†† Kg8—h8!
4. De6—g8† (D.-Opfer) Td8—g8:
5. Sh6—f7 ‡.

Ein solches Mat, wo der König, vollständig von seinen eigenen Steinen umgeben, durch den Springer matgesetzt wird, nennen wir: ein ersticktes Mat oder mat étouffé.

Für höchst ehrenvoll gilt es, wenn das Mat angekündigt wird, d. h. wenn der Spieler, nachdem er alle Möglichkeiten, die dasselbe aufhalten (verzögern) können, berücksichtigt hat, dem Gegner zuruft: ich kündige Mat in so und so viel Zügen an. Noch glänzender aber gestaltet sich der Sieg, wenn derselbe durch das Aufopfern, d. i. Preisgeben, einer oder mehrerer Figuren herbeigeführt wird. Im vorigen Diagramm wird z. B. die Königin geopfert. Je theuerer der Sieg erkauft wird, je weniger der matsetzende und je mehr der verlierende Theil Officiere übrig behält, um so glanzvoller ist derselbe. Am Schönsten und Lehrreichsten sind derartige brillante Opfer-Operationen in den Problemcompositionen*) durchgeführt worden, doch findet sich auch in der praktischen Partie oft genug Gelegenheit zu eleganten und feinen Combinationen.

Die verschiedenen Matführungen durch die Figuren; Pat; Remis.

Eine einzelne Figur ist nicht im Stande, den König zu erobern, wohl aber kann, wenn ihr König sie gehörig unterstützt, die Dame, der Thurm, ebenso Läufer und Springer oder zwei Läufer gemeinschaftlich mat machen. Betrachten wir zunächst das Mat durch die Dame, indem wir von folgender Stellung ausgehen:

*) Schachproblem nennt man die frei geschaffene Darstellung kurzer und entscheidender Endcombinationen.

Es handelt sich darum, den schwarzen König in möglichst geringer Zügezahl an den Rand des Schachbretes zu drängen, wo allein derselbe, sind nicht weitere Steine vorhanden, matgesetzt werden kann. Wir ziehen daher, die Felder demselben abschneidend, wie folgt:

1. Da1—f6 Ke4—e3
2. Df6—f5 Ke3—e2 oder A)
3. Df5—f4 Ke2—d1.

Bei Ke2—e1 würde 4. Kc4—d3 nebst 5. Df4—f1 oder d2 ‡ folgen.

4. Kc4—d3	Kd1—e1	Es kann auch: 4. Df4—f2	Kd1—c1
5. Df4—f5	Ke1—d1	5. Kc4—c3	Kc1—b1
6. Df5—f1 ‡.		6. Df2—b2 ‡	

geschehen.

A) 2. . . . . . . Ke3—d2
3. Df6—f2 † K ~
5. Kc4—c3 K ~
5. Df2—b2 oder c2 ‡.

In solcher und ähnlicher Weise lässt sich das Mat durch Dame und König mit Leichtigkeit bewerkstelligen. Der Schachfreund hüte sich aber, pat statt mat zu machen, was gerade bei Dame und König leicht passiren kann, wenn unaufmerksam gespielt wird. Pat ist nämlich im Resultat gleichbedeutend mit remis oder unentschieden, und zwar ist ein König pat: wenn er, ohne dass ihm Schach geboten, am Zuge ist, aber nicht ziehen und auch keinen seiner Steine bewegen kann, falls er deren überhaupt noch besitzt (s. das Diagramm auf S. 22). Zöge Weiss z. B. in der vorigen Position:

1. Da1—f6	Ke4—e3	4. Kc4—d3	Kd1—e1
2. Df6—f5	Ke3—e2	5. Df4—**f3** (statt auf f5, f6, f7 oder f8),	
3. Df5—f4	Ke2—d1		

so stünde der weisse König auf d3, die weisse Dame auf f3, der schwarze König auf e1 und Schwarz, am Zuge, könnte nicht ziehen, weil ihm die Felder d1, e2, f1, f2 durch die weisse Dame, d2 und e2 durch den weissen König verwehrt werden. Schwarz wäre pat und das Spiel remis; ein Remisspiel aber ist ein Spiel, in welchem keine Partei den Sieg erzwingen kann, welches demnach unentschieden bleibt.

Wesentlich schwieriger, als das Mat durch Dame und König, doch auch noch leicht, ist das Mat durch Thurm und König. Zuvörderst merke man sich, dass dasselbe auf jedem der 28 Rand- beziehentlich Eckfelder erzwungen werden kann. Thurm und König sind im Stande, den feindlichen König auf jedes Randfeld hinzutreiben. S. Diagramm:

Eine der kürzesten Matführungen ist die folgende:

1. Ta1—e1†, Ke4—f4 (A,B), 2. Kc4—d5, Kf4—f3, 3. Kd5—d4, Kf3—f2, 4. Te1—e3, Kf2—g2, 5. Kd4—e4, Kg2—f2, 6. Ke4—f4, Kf2—g2, 7. Te3—e2†, Kg2—f1!, 8. Kf4—f3, Kf1—g1, 9. Te2—e1†, Kg1—h2, 10. Te1—d1 (Tempogewinn), Kh2—h3, 11. Te1—h1 ‡.

A) 1. . . . ., Ke4—f5, 2. Kc4—d4, Kf5—f6, 3. Kd4—d5, Kf6—f5, 4. Te1—f1†, Kf5—g5, 5. Kd5—e4, Kg5—g6, 6. Ke4—e5, Kg6—g5, 7. Tf1—g1†, Kg5—h5, 8. Ke5—f4, Kh5—h6, 9. Kf4—f5, Kh6—h7, 10. Kf5—f6, Kh7—h8, 11. Kf6—f7, Kh8—h7, 12. Tg1—h1 ‡.

B) 1. . . . ., Ke4—f3, 2. Kc4—d4, Kf3—f4, 3. Te1—f1†, Kf4—g4, 4. Kd4—e5, Kg4—g3, 5. Ke5—e4, Kg3—g2, 6. Tf1—f3, Kg2—g1, 7. Ke4—f4, Kg1—g2, 8. Kf4—g4, Kg2—h1, 9. Kg4—h3, Kh1—g1, 10. Th3—f4, Kg1—h1, 11. Tf4—f1 ‡. Soll aber das Mat auf einem beliebigen Felde, z. B. d1 erzwungen werden, so würde vom neunten Zug ab das Spiel folgendermaassen zu Ende geführt werden: 9. Kg4—g3, Kh1—g1, 10. Tf3—f8, Kg1—h1, 11. Tf8—h8†, Kh1—g1, 12. Kg3—f3, Kg1—f1, 13. Th8—g8, Kf1—e1, 14. Kf3—e3, Ke1—f1, 15. Tg8—g7, Kf1—e1, 16. Tg7—f7, Ke1—d1, 17. Ke3—d3, Kd1—c1, 18. Tf7—b7, Kc1—d1, 19. Tb7—b1 ‡, oder 14. . . . . ., Ke1—d1, 15. Ke3—d3, Kd1—c1, 16. Tg8—b8, Kc1—d1, 17. Tb8—b1 ‡, oder 15. . . . ., Kd1—e1, 16. Tg8—f8, Ke1—d1, 17. Tf8—f1 ‡.

Patstellung (S. 20):

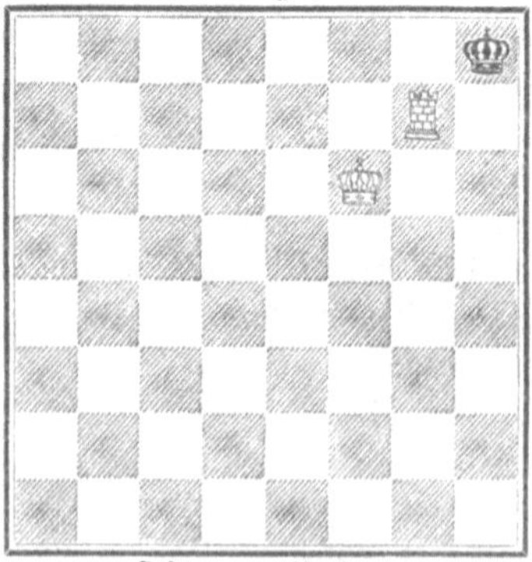

Schwarz soll ziehen.

Mit den beiden Thürmen kann das Mat auf jedem der 64 Felder erzwungen werden, indem der eine Thurm die Randlinie bildet.

Das Mat durch die zwei Läufer verursacht ebenfalls keine grosse Mühe, ist jedoch nur auf den vier Eckfeldern, sowie auf den beiden jeder Ecke anliegenden Feldern (Nebenfeldern jeder Ecke) zu erzwingen:

1. Lg1—d4, Ke4—f4, 2. Lg8—d5, Kf4—f5, 3. Kc4—d3, Kf5—f4, 4. Ld5—e6, Kf4—f3, 5. Ld4—e5, Kf3—f2, 6. Le6—g4, Kf2—g2, 7. Kd3—e3, Kg2—f1, 8. Le5—c3, Kf1—g1, 9. Ke3—f3, Kg1—h1, 10. Kf3—g3, Kh1—g1, 11. Lg4—e2, Kg1—h1, 12. Lc3—d2, Kh1—g1, 13. Ld2—e3 †, Kg1—h1, 14. Le2—f3 ‡, oder kürzer: 11. Lg4—h3, Kg1—h1, 12. Lh3—g2†, Kh1—g1, 13. Lc3—d4‡, oder 10. . . . ., Kg1—f1, 11. Lc3—b4, Kf1—g1, 12. Lg4—h3, Kg1—h1, 13. Lh3—g2†, Kh1—g1, 14. Lb4—c5‡.

So oder ähnlich lässt sich das Mat durch die beiden Läufer von jeder beliebigen Stellung aus leicht erzwingen.

Unvergleichlich schwieriger ist die Matführung durch Läufer

und Springer. Diese ist nur auf einem Eckfelde von der Farbe des Läufers von Erfolg. Der König wird in der Weise zunächst an den Rand des Bretes und hierauf in die betreffende Ecke getrieben, dass der Springer ihm immer die Felder von der entgegengesetzten Farbe des Läufers abschneidet.

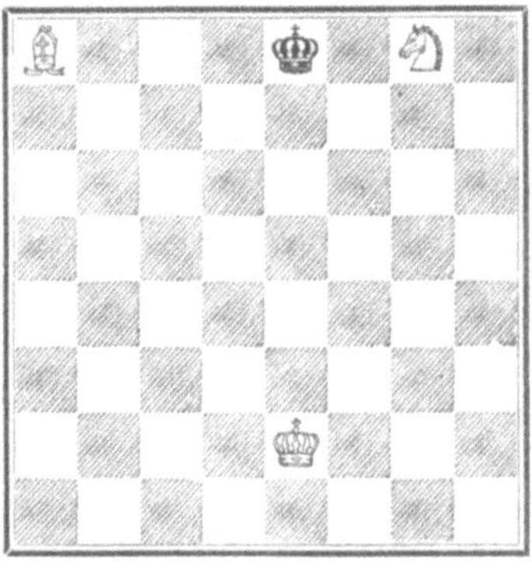

Schwarz kann in dieser Position nur auf a8 oder h1 matgesetzt werden; z. B.

I. 1. Ke2—e3, Ke8—d7 (A), 2. Ke3—d4, Kd7—e6, 3. La8—e4, Ke6—f7, 4. Sg8—h6†, Kf7—f6, 5. Sh6—f5, Kf6—e6, 6. Le4—d3, Ke6—f6, 7. Kd4—e4, Kf6—e6, 8. Ld3—c4†, Ke6—f6, 9. Ke4—f4, Kf6—g6, 10. Kf4—e5, Kg6—g5, 11. Sf5—e7, Kg5—g4, 12. Lc4—e2†, Kg4—g5 (Variante), 13. Le2—d1 (Tempozug), Kg5—h6!, 14. Ke5—f6, Kh6—h7, 15. Se7—g6, Kh7—g8, 16. Ld1—b3†, Kg8—h7, 17. Lb3—c4, Kh7—h6, 18. Lc4—g8, Kh6—h5, 19. Sg6—e5, Kh5—h4 (falls Kh5—h6, so geschieht 20. Se5—g4†, Kh6—h5, 21. Kf6—f5 etc.), 20. Kf6—f5, Kh4—g3, 21. Se5—g4, Kg3—f3, 22. Lg8—c4, Kf3—g3, 23. Lc4—d5, Kg3—h4, 24. Kf5—f4, Kh4—h5, 25. Ld5—f7†, Kh5—h4, 26. Lf7—e8, Kh4—h3, 27. Sg4—e3, Kh3—h4 (falls Kh3—h2, so 28. Kf4—g4 nebst 29. Kg4—g3 etc.), 28. Se3—g2†, Kh4—h3, 29. Kf4—f3, Kh3—h2, 30. Kf3—f2, Kh2—h3, 31. Le8—d7†, Kh3—h2, 32. Sg2—e3, Kh2—h1, 33. Ld7—e6, Kh1—h2, 34. Se3—f1†, Kh2—h1, 35. Le6—d5 ‡.

Variante: 12. . . . . . ., Kg4—g3, 13. Ke5—e4, Kg3—f2, 14. Ke4—d3, Kf2—e1!, 15. Se7—f5, Ke1—f2, 16. Le2—g4, Kf2—f1. 17. Kd3—e3, Kf1—e1, 18. Sf5—h4, Ke1—f1. 19. Lg4—e2†, Kf1—g1 (falls Kf1—e1, so 20. Sh4—g2 ‡), 20. Ke3—f3, Kg1—h2, 21. Sh4—g2, Kh2—h3, 22. Le2—c4, Kh3—h2, 23. Kf3—f2 und Schluss wie oben 30. Zug etc.

A) 1. . . . . . ., Ke8—f7, 2. Sg8—h6†, Kf7—g6, 3. Sh6—g4, Kg6—g5, 4. Ke3—f3, Kg5—f5, 5. La8—d5, Kf5—g5, 6. Ld5—e6, Kg5—g6, 7. Kf3—f4, Kg6—g7, 8. Kf4—g5, Kg7—f8, 9. Kg5—f6, Kf8—e8, 10. Sg4—e3, Ke8—d8, 11. Se3—d5,

Kd8—e8, 12. Le6—f5, Ke8—f8 (Variante), 13. Sd5—c7, Kf8—g8, 14. Sc7—e6, Kg8—h8, 15. Se6—d8 (g5), Kh8—g8, 16. Sd8—f7 (endlich gelangt der Springer in die richtige Stellung), Kg8—f8, 17. Lf5—h7, Kf8—e8, 18. Sf7—e5, Ke8—f8 (falls Ke8—d8, so 19. Kf6—e6 nebst 20. Se5—d7 etc.), 19. Se5—d7†, Kf8—e8, 20. Kf6—e6, Ke8—d8, 21. Ke6—d6, Kd8—e8, 22. Lh7—g6†, Ke8—d8, 23. Lg6—h5, Kd8—c8, 24. Sd7—c5, Kc8—d8, 25. Sc5—b7†, Kd8—c8, 26. Kd6—c6, Kc8—b8, 27. Kc6—b6, Kb8—c8, 28. Lh5—g4†, Kc8—b8, 29. Sb7—c5, Kb8—a8, 30. Lg4—f5 (Tempozug), Ka8—b8, 31. Sc5—a6†, Kb8—a8, 32. Lf5—e4 ‡.

Variante: 12. . . . ., Ke8—d8, 13. Kf6—e5, Kd8—e8, 14. Ke5—e6, Ke8—f8, 15. Sd5—f6, Kf8—g7, 16. Sf6—g4, Kg7—f8, 17. Lf5—g6, Kf8—g7, 18. Ke6—f5, Kg7—f8, 19. Kf5—f6, Kf8—g8, 20. Sg4—e5, Kg8—f8 oder h8, 21. Se5—f7, Kf8—e8, 22. Lg6—f5, Ke8—f8, 23. Lf5—h7 und weiter wie in der vorhergehenden Variante sub 18. Zug. Man hüte sich hier, mehr als 50 Züge zum Mat zu brauchen, denn dann wäre das Spiel wieder remis infolge des Spielgesetzes.

Um sich die eigenthümliche, künstliche Art und Weise, erst den König an den Rand, dann von Feld zu Feld in eine Ecke von der Farbe des Läufers zu drängen, ganz geläufig zu machen, thut der Schachfreund am Besten, besonders die Verwendung des Springers hierbei, welche den Ausschlag geben muss, sich einzuprägen.

Es giebt Schachspieler von ganz ansehnlicher Stärke, welche das Mat durch Springer und Läufer nicht fertig bringen können, weil sie sich nie theoretisch damit beschäftigt haben. Wenn man jedoch ein guter Schachspieler werden will, gleichviel ob mehr oder minder Naturspieler bleibend, so ist die Vertrautheit mit einer Anzahl allgemeiner Regeln und theoretischer Bestimmungen unerlässlich. Zu derartigen Kenntnissen gehört auch die Matführung mittelst Läufer und Springer.

Ein Mat durch Läufer und Springer ist übrigens auch auf den Randfeldern denkbar; es ist indessen nicht zu erzwingen, wenn der feindliche König, was natürlich vorausgesetzt wird, richtig zieht. Nur auf den 8 Feldern neben den Ecken, also auf a2, a7, b1, b8, g1, g8, h2, h7 lässt sich das Mat, aber mit einem Zug Verzögerung, ebenfalls herbeiführen. Zum Beispiel in folgender Stellung:

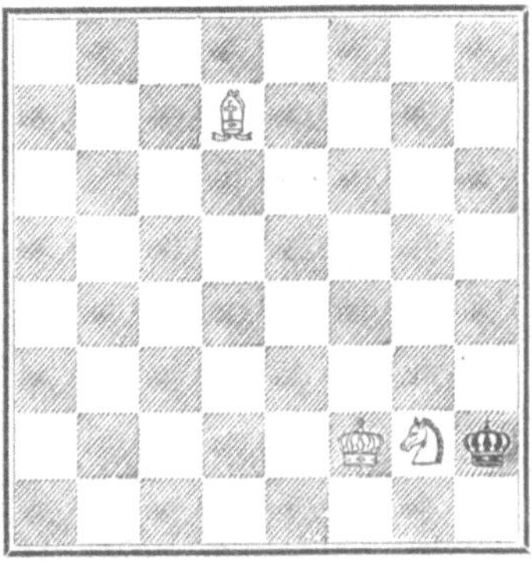

32. Sg2—e3, Kh2—h1, 33. Ld7—h3 (statt Tempogewinn), Kh1—h2, 34. Lh3—f1, Kh2—h1, 35. Lf1—g2†, Kh1—h2, 36. Se3—g4 oder f1 ‡. Da jedoch eine Hauptbedingung d i e ist, den Sieg, das Mat, s t e t s i n m ö g l i c h s t w e n i g Z ü g e n, a l s o a u f d i e k ü r z e s t e W e i s e z u e r z w i n g e n, so kommt diese Matstellung nicht in Betracht.

In der folgenden Position wird Schwarz auf einem mittleren Randfelde mat, wenn der König nicht nach d3, wie er soll, zieht:

Geht in dieser Stellung Schwarz mit seinem König Kd2—e1, so giebt Weiss unmittelbar durch Lb2—c3 mat, was natürlich immer nur eine Ausnahme, nämlich für den Fall, dass Schwarz fehlerhaft zieht, bildet.

Wir kommen nun noch zu denjenigen Stellungen, in welchen die eine Partei den r o i d é p o u i l l é, wie der von allen seinen Steinen entblösste König auch genannt wird, die andere den König und zwei oder nur einen Springer, oder einen Läufer übrig behält; oder in welchen ausser den Königen (die ja nie geschlagen werden) Thurm gegen Springer oder Läufer, oder Läufer gegen Springer etc. übrig bleibt. A l l e d e r a r t i g e n E n d s p i e l e s i n d, m i t a l l e i n i g e r A u s n a h m e b e s o n d e r s e i g e n t h ü m l i c h e r F ä l l e, r e m i s. In früheren Zeiten war eine Partie auch schon remis, sobald die eine Partei aller ihrer Steine bis auf den König beraubt war. Nach den heutigen Schachgesetzen gelten als Remisspiele nur solche Spiele:

1) in denen ein König pat gesetzt wird,
2) in denen keine Partei mit den ihr übrig gebliebenen Kräften die andere mat machen kann,
3) deren Endspiel innerhalb von 50 ganzen Zügen*) nicht entschieden ist,
4) in denen ein Spieler ein immerwährendes Schach (échec perpétuel) giebt, oder wenn von beiden Spielern auf Wiederholung derselben Züge beharrt wird**).

Einige Bemerkungen hinsichtlich der Bauern.

Ein Bauer, der weder auf seiner eigenen Linie, noch auf den beiden angrenzenden durch feindliche Bauern behindert wird, ist ein Freibauer.

Zwei Bauern derselben Farbe auf einer senkrechten Linie nennt man einen Doppelbauer, drei dergleichen einen Triplebauer.

Bauern derselben Farbe auf zwei oder mehreren Nachbarlinien heissen verbundene Bauern; Mittelbauern nennt man den Königs- und den Damenbauer, d. i. die Bauern, deren ursprünglicher Standpunkt vor König und Dame ist; diese und die Läuferbauern werden, in die Mitte des Bretes vorgerückt, auch mit zum Centrum gerechnet. Freibauern und verbundene Bauern sind in der Regel sehr wirksam. Doppel- und Triplebauern, sowie vereinzelte (isolirte) Bauern erweisen sich hingegen gewöhnlich als nachtheilig. Ebenso rückständige Bauern, die der Schachfreund bei Gelegenheit kennen lernen wird. Greift ein Bauer unterstützt (gedeckt) durch einen andern Bauer zwei feindliche Figuren zu gleicher Zeit an, so nennt man diese Angriffsstellung eine Gabel. Eine der beiden Figuren ist dann gewöhnlich verloren.

Einige besondere Ausdrücke und allgemeine Erläuterungen.

Es ist bereits hervorgehoben worden, dass Steine geopfert, d. i. zur Verbesserung der Stellung freiwillig aufgegeben

*) Hierüber vergleiche man die Spielgesetze (§. 8).

**) Zum Beispiel auch, wenn eine Partei die andere zwingt, immer dieselben Züge zu machen, beziehentlich die eine „schiebt, die andere geschoben wird".

werden können. Nun kommt es aber auch vor, dass ein Spieler einen Stein aus Versehen verliert, indem er ihn ungedeckt (decken, d. i. vertheidigen, sichern, unterstützen) oder en prise stehen lässt, oder ihn direct einstellt, indem er ihn auf ein Feld zieht, wo er gänzlich ungedeckt, beziehentlich nicht genügend unterstützt ist. Von einem solchen en prise, Einstehen lassen, sagt man wohl scherzhafter Weise: ein unfreiwilliges Opfer bringen. Dabei geschieht es nun gar häufig, dass der betreffende Spieler den Zug zurücknehmen und einen andern dafür thun möchte. Dies ist aber nicht gestattet; der wahre Schachspieler nimmt niemals, noch giebt er einen Zug zurück, und denjenigen Stein, welchen er berührt, zieht er auch der alten Regel gemäss: pièce touchée — pièce jouée, oder deutsch: berührt, geführt. Wenn jedoch ein Spieler einen Stein, der nicht richtig auf dem Brete steht, zurechtrücken will, ihn also berühren muss, aber ohne die Absicht ihn ziehen zu wollen, so muss er vorher oder doch gleichzeitig sagen: j'adoube, d. i. ich rücke zurecht. Diese Aeusserung ist jedoch nachträglich, nachdem der Stein einmal berührt ist, durchaus nicht mehr zulässig. Häufig bemerkt der Spieler im letzten Moment, noch ehe er den Stein losgelassen hat, dass der von ihm gewählte Zug schlecht ist: dann ist es aber zu spät und der Stein muss wenigstens gezogen werden, wenn er auch nicht gerade auf das Feld, worauf man ihn bereits versuchsweise (unter Festhalten mit der Hand) gestellt hatte, wirklich gezogen werden muss, vorausgesetzt, dass ihm überhaupt andere Felder zugänglich sind. Eine Ausnahme gestattet man sich wohl höchstens einmal in sogenannten Husaren-, d. i. leichten, raschen Partieen, obgleich es eigentlich völlig unerlaubt, nicht spielgerecht ist. Kann der berührte Stein, z. B. weil er genagelt oder gefesselt (d. i. zwischen dem König seiner Farbe und einer feindlichen Figur stehend, also den König vor dem Schach schützend) ist, nicht gezogen werden, so muss zur Strafe der König ziehen, wodurch meist mindestens ein wichtiges Tempo verloren geht. Wenn aber in diesem Falle auch der König nicht ziehen kann, so bleibt die Sache auf sich beruhen und es kann ein anderer Stein gezogen werden.

Eine Hauptsache beim Schachspielen ist die correcte, rasche, folgerichtige Entwickelung der Steine, quasi Aufrollung der Truppen. Hierüber eine bestimmte Anweisung zu geben, ist nicht wohl möglich. Der Schachfreund kann dies nur praktisch, nament- auch durch Nachspielen von Partieen allmählig erlernen. Eine festzuhaltende Hauptregel ist jedoch die: man bringe zunächst die mittleren Bauern, sowie die Läufer und Springer heraus und vermeide es, die Dame zu früh ins Spiel zu führen. Die Dame, als die wichtigste Angriffsfigur, muss mit besonderer Vorsicht und Ueberlegung gezogen und postirt werden, einmal, damit ihr der geeignetste Wirkungskreis angewiesen, dann, damit sie nicht unnöthig gegnerischen Angriffen durch kleine Figuren ausgesetzt werde. Früher war es allgemein und bei Stümpern ist es noch jetzt üblich, einen Angriff auf die Dame mit dem Warnungsruf „gardez la reine“ oder „gardez“, d. i. „hütet eure Dame“ oder „nehmt euch in Acht“ zu begleiten. Heute ist dies ganz und gar überflüssig und wird von einem gebildeten Schachspieler niemals gesagt.

Zur raschen Entwickelung pflegt ein sogenanntes Gambit*) sehr dienlich zu sein. Unter Gambit versteht man das Preisgeben eines Bauern von Seiten des Anziehenden bei Beginn der Partie behufs rascher Frei- und Geltendmachung der Figuren. In einigen Eröffnungen wird zu demselben Zwecke ausser dem Bauern in weiterer Folge auch noch ein Officier preisgegeben. Wird das Gambit vom Gegner angenommen, der Bauer geschlagen, so heisst es „angenommenes Gambit“ oder einfach „Gambit“; wird es nicht angenommen, so ist es ein „abgelehntes Gambit“. Gambit in der Rückhand, oder im Nachzuge ist ein solches, welches der Nachziehende giebt. Ein Gambit in der Rückhand dient zwar ebenfalls zur rascheren Entfaltung der Figuren, ist jedoch, des fehlenden Tempos halber, minder empfehlenswerth, als ein Gambit im Anzuge. Vorsichtiger ist es, ein Gambit im Anzuge nicht anzunehmen. Gambit-Eröffnungen haben gewöhnlich sehr lebhafte und verwickelte, auch glänzende Partieen zur Folge.

Gegenseitiges Schlagen gleichwerthiger Steine nennt man „Abtauschen“.

Wenn zwei Gegner, was natürlich sehr häufig der Fall ist, nicht von der gleichen Spielstärke sind, so pflegt man in den eigentlichen Schachkreisen diesen Unterschied durch eine soge-

---

*) il gambetto (ital.) das Bein; dare il gambetto ein Bein stellen.

nannte Vorgabe auszugleichen, d. i. der stärkere Spieler nimmt einen seiner Steine vom Brete und kämpft also mit geringeren Streitkräften. Die Vorgabe hat den Zweck, einerseits dem stärkeren Spieler, welcher ohne dieselbe, weil er den Gegner mit Leichtigkeit zu besiegen im Stande ist, des geringen Reizes halber nicht mit der nöthigen Aufmerksamkeit spielen wird, die Partie anziehender zu machen, andererseits dem schwächeren Spieler Gelegenheit zu geben, ebenfalls siegreich aus dem Kampfe hervorgehen zu können, endlich den Unterschied in der Spielstärke zwischen zwei Spielern klar zu legen, was oft von Interesse und namentlich in Turnieren von Wichtigkeit ist. Die üblichsten Vorgaben sind Bauer und Zug (d. h. der Königsläuferbauer und der Anzug), Königsläuferbauer und zwei Züge, Springer (meist der Damenspringer), Thurm (stets der Damenthurm), oder Dame. Eine noch grössere Vorgabe als die der Dame, z. B. Dame und Thurm, gehört zu den Seltenheiten. Dagegen giebt es auch gewissermaassen immaterielle Vorgaben. So z. B. kann ein Spieler die Verpflichtung übernehmen, mit einem bestimmten Stein (chevalier couronné, gekrönter Springer, pion coiffé oder pion marqué, bezeichneter Bauer, gewöhnlich ein Springerbauer) das Mat zu geben, oder sich verbindlich machen, auf einem bestimmten Felde mat zu setzen. Zu den grössten Vorgaben zählt die Uebernahme der Verpflichtung nicht eher Schach zu bieten als mit dem Matzuge; oder das Selbstmat zu erzwingen, d. h. so zu ziehen, dass der Gegner genöthigt wird, den Vorgebenden mat zu machen, in welchem Falle man sagt: Wer verliert (d. h. mat wird), gewinnt (qui perd gagne).

Werthverhältniss der Steine.

Der Werth einer Figur richtet sich im Allgemeinen nach ihrer Bewegungsfähigkeit. Je grösser letztere ist, um so grösser ist die Wirksamkeit der Figur, um so stärker ist sie. Diesem Princip nach muss man suchen, jeden Stein so zu postiren, dass möglichst nach allen Richtungen hin die ihm verliehene Beweglichkeit wirksam gemacht werden kann. Ihrer Gang- und Schlagweise entsprechend stellt sich das Werthverhältniss der verschiedenen Figuren zu einander ungefähr wie folgt:

Ein leichter Officier (Springer u. Läufer) = 3 Bauern,
Springer = Läufer,
Thurm = 1 leichtem Officier und 1 Bauer,
Thurm und 2 Bauern = 2 leichten Officieren,
Dame = 2 Thürme = 3 kleinen (leichten) Officieren.

Höchst problematisch ist der Werth des Königs, da dieser, die Hauptfigur des Spiels, meist des Schutzes bedarf und nur höchst selten offensiv vorzugehen und in das Spiel einzugreifen Gelegenheit bekommt.

Den Werth-Unterschied zwischen Thurm und leichtem Officier bezeichnet man mit „Qualität"; gewinnt man einen feindlichen Thurm für einen leichten Officier, so heisst dies „die Qualität gewinnen".

Spielgesetze*).

Die nachstehenden Regeln sind in der ganzen Schachwelt allgemein anerkannt und gelten bei Turnieren und Wettkämpfen (Matches) als massgebend. Sie geben in knapper Form dasjenige, was in den vorhergegangenen Abschnitten ausführlich erläutert ist. Wir empfehlen dem Schachfreund, sich mit ihnen gehörig vertraut zu machen und sich streng danach zu richten, denn nur durch genaue Beobachtung dieser Vorschriften lassen sich Streitigkeiten vermeiden, die leider auch unter Schachspielern nicht immer ausbleiben.

§. 1.

Der Anzug und die Farbe der Steine wechseln mit jeder Partie; bei der ersten Partie entscheidet das Loos. Wer den weissen Stein erhält, nimmt Weiss und hat den Anzug.

§. 2.

Es wird nur mit einem Stein angezogen.

§. 3.

Ein Zug ist geschehen, sobald der Stein auf ein anderes Feld gebracht und losgelassen worden ist.

§. 4.

Bemerkt ein Spieler, ehe der vierte Zug von beiden Seiten gethan ist, dass in der Aufstellung des Bretes oder der Steine ein

---

*) Wir geben diese Spielgesetze mit Benutzung des v. Bilguer'schen Handbuches und der Statuten der Leipziger Schachgesellschaft „Augustea".

Irrthum vorgefallen ist, so kann er verlangen, dass das Spiel von Neuem beginne; nach dem vierten Zuge bedarf es dazu aber der Einwilligung des Gegners. Ebenso verhält es sich, wenn ein Spieler, der nicht den Anzug hat, dennoch irrthümlich angezogen hat.

§. 5.

Kein Zug darf zurückgenommen werden. Berührt ein Spieler, während er am Zuge ist, einen eigenen Stein ohne die vorgängige Aeusserung „j'adoube" oder „ich stelle zurecht", so muss der von ihm berührte Stein gezogen werden; berührt er dagegen einen feindlichen Stein, so muss derselbe von ihm genommen werden — pièce touchée, pièce jouée. Kann der berührte Stein nicht gezogen oder nicht genommen werden, so muss zur Strafe der König ziehen (doch darf er in diesen Falle nicht rochiren). Kann auch der König nicht ziehen, ohne sich einem Schach auszusetzen, so bleibt das Berühren des Steines ohne Folgen. Auf die Strafe darf der Gegner so lange dringen, als er selbst noch keinen Stein zu seinem nächsten Zuge berührt hat.

§. 6.

Zieht man einen gegen die Regeln über den Gang der Steine verstossenden Zug oder einen Stein des Gegners, so hat dieser, bis er selbst einen Stein anrührt, die Wahl, den Zug als richtig gelten zu lassen, ihn einfach zurückzugeben, oder das Ziehen des Königs, falls sich derselbe dadurch nicht einem Schach aussetzt, zur Strafe zu verlangen.

§. 7.

Dem König allein, nicht auch der Dame oder anderen Stücken, bietet man laut „Schach!", jedoch ist der Zuruf auch beim König nicht nothwendig, nur kann nicht weitergespielt werden, wenn ein Spieler seinen König im Schach stehen liesse.

§. 8.

Wer den feindlichen König, falls das Spiel nicht vorher aufgegeben wird, mat setzt, hat gewonnen; es kommt nichts darauf an, ob sich dieser König allein (roi dépouillé) oder noch mit anderen Steinen auf dem Bret befindet. Wenn ein Spieler aber in einem Endspiele innerhalb 50, für jeden der beiden Theile, dann vom Gegner abzuzählenden Zügen, das Mat nicht ausführt, wird das Spiel als unentschieden aufgehoben. Wird während der 50 Züge eine Figur geschlagen, so beginnt eine neue Spielendung, für die wiederum 50 Züge gelten, u. s. w.

§. 9.

Die Rochade ist nur dann gestattet, wenn die Felder zwischen Thurm und König unbesetzt sind. Es ist dabei gleichgültig, welchen der beiden Steine man zuerst berührt. Der König darf jedoch nicht rochiren, wenn er im Schach steht; dagegen hindert es die Rochade nicht, dass der Thurm angegriffen ist.

§. 10.

Jeder Bauer kann von seiner ursprünglichen Stelle aus um zwei Felder vorrücken. Wenn er dabei an einem feindlichen Bauer vorüber geht, so kann er von diesem beim nächsten Zuge, nachher jedoch nicht mehr, genommen werden, dergestalt, dass sich der feindliche Bauer auf die Stelle setzt, wo der passirende Bauer gestanden haben würde, hätte er nur einen Schritt gethan.

§. 11.

Wenn eine Partei keinen anderen Zug haben sollte, als einen Bauer, der eben zwei Schritte vorgerückt ist, en passant zu schlagen, so ist sie dazu genöthigt.

§. 12.

Ein bis auf die erste Felderreihe des Gegners vorgerückter Bauer wird nach freier Wahl des Spielenden und ohne Rücksicht auf die noch vorhandenen Figuren sofort zur Dame, oder zum Thurm, Läufer oder Springer gemacht und wirkt in dieser Eigenschaft sogleich mit. Als Bauer darf er durchaus nicht unwirksam stehen bleiben.

Diese Spielregeln finden Anwendung nicht allein auf Spiele ohne Vorgaben (d. i. gleichauf geführte), sondern auch auf solche mit Vorgaben. Nur muss bei Vorgabepartieen hinsichtlich des Anzuges und der Wahl der Farbe (§. 1) selbstredend eine Abweichung stattfinden, da der Vorgebende je nach Art der Vorgabe, entweder immer Weiss und den Anzug, oder immer Schwarz und den Nachzug, oder auch diese abwechselnd haben kann.

Sollte sich ein in den Spielgesetzen nicht vorgesehener Fall ereignen, oder sollten die Spieler über die Auslegung eines der Gesetze verschiedener Meinung sein, so werden sie am besten thun, die Entscheidung einem unparteiischen, erfahrenen Schachspieler zu übertragen.

Zweiter Abschnitt.

Die Spielendungen oder das Endspiel.

Bevor wir auf das Spiel mit der vollen Zahl von Steinen, d. h. auf die Spielanfänge oder die „Spieleröffnungen", bez. auf die besten Eröffnungszüge einer Partie, übergehen, halten wir es für nützlich, den Schachfreund durch Vorführung einer Reihe von Partie-Endstellungen, bei welchen nur noch wenige leichter zu übersehende Steine sich vorfinden, mit dem Wesen der einzelnen Figuren vertrauter zu machen.

Je nachdem die Spieler von mehr oder minder gleicher Spielstärke sind, wird eine Entscheidung gewöhnlich entweder erst nach dem Abtausch fast sämmtlicher Steine, oder schon bei noch vorhandenen zahlreichen Kräften herbeigeführt werden. Im Allgemeinen lassen sich zwei verschiedene Arten von Partie-Endspielen unterscheiden — solche, die mit fast vollen Steinen aus dem Mittelspiele hervorgehen, und solche mit einzelnen oder einigen Figuren und Bauern, insbesondere auch mit Königen und Bauern allein. Die ersteren kommen an dieser Stelle nicht in Betracht; es sind meist Stellungen, in denen in einigen Zügen entweder ein Mat angekündigt, oder ein rasch entscheidender grösserer Vortheil, oder ein Remis (s. Seite 19 u. ff.) erzwungen werden kann.

Die zweite Gattung von Endspielen, in welcher sich einzelne oder einige Officiere und Bauern befinden, soll uns aus dem oben gedachten Grunde hier zunächst beschäftigen.

Die Dame gegen Thurm (und Bauer).

Stellung I. (Handbuch*).

Weiss gewinnt.

1. De5—d5†, Ka8—b8! 2. Dd5—d7, Kb8—a8, (zieht der Thurm nach h6 oder b1, so gewinnt ihn die Dame durch mehrfaches Schachbieten, z. B. Tb6—b1 3. Dd7—e8†, Kb8—c7! 4. De8—f7†, Kc7—c8 5. Df7—g8†, Kc8—c7 6. Dg8—h7† nebst Dh7—b1:), 3. Dd7—c8† Tb6—b8, 4. Dc8—c6†, Tb8—b7, 5. Ka5—a6, Ka8—b8 6. Dc6—b7: mat. Wollte im ersten Zug Schwarz das feindliche Schach mit dem Thurm 1. . . Tb6—b7 decken, so würde Weiss sofort durch 2. Ka5—a6 gewinnen, da der gefesselte Thurm erobert und Schwarz zugleich mat gemacht wird.

Stellung II. (Philidor.)

Stellung II. Das Spiel bleibt unentschieden.

1. Db3—b8†, Kd8—e7, 2. Db8—g8, Te6—c6, 3. Kd5—e5, Tc6—e6†, 4. Ke5—d5 und der weisse König kann nicht über die sechste Linie hinweg. Stünde der Bauer d7 auf d6, so würde Weiss das Spiel gewinnen können.

Regel. Die Dame gewinnt stets gegen Thurm und Eckbauern; ferner kann sie gegen Thurm und Mittelbauern gewinnen, wenn diese schon gezogen haben, weil es in diesem Falle dem feindlichen König oft möglich ist, hinter den Bauer zu gelangen, wodurch dieser erobert wird. Stehen dagegen Mittelbauern noch auf ihren ursprünglichen Feldern, so machen sie gegen die Dame remis, ebenso die Springer- oder Läuferbauern auf allen Feldern, vorausgesetzt immer, dass König und Thurm in der geeigneten, den feindlichen König absperrenden Stellung zur Hülfeleistung sich befinden.

*) Hiermit ist immer das classische Bilguer'sche Handbuch des Schachspiels gemeint.

Stellung III. (Philidor.)

Weiss gewinnt.

1. . . . ., Kc4—b3, 2. Kd7—d6, Tc5—c2. (Auf Tc5—c4 folgt De4—e1 nebst Kd6—d5). 3. Kd6—d5, Kb3—b2!, 4. Kd5—d4, Kb2—a1, 5. Kd4—d3. Nähme Weiss den Thurm, so würde Schwarz pat werden. 5. . . . . ., Tc2—b2, 6. Dc4—a4†, Ka1—b1, 7. Kd3—c3, Tb2—h2, 8. Da4—b5†, Kb1—a1, 9. Db5—a6† und gewinnt nach einigen weiteren Schachzügen den Thurm.

Stellung IV. (Handbuch.)

1. Dg8—b3, Te4—f4, 2. Db3—d5†, Kd4—e3, 3. Kd6—e5, Tf4—f3, 4. Dd5—d4†, Ke3—e2, 5. Ke5—e4, Tf3—f2, 6. Dd4—d3†, Ke2—e1, 7. Dd3—b1†. (Bei Ke4—e3 würde Schwarz durch Tf2—f3† das Spiel unentschieden machen.) 7. . . . . ., Ke1—d2, 8. Db1—b2†, Kd2—e1, 9. Db2—c1†, Ke1—e2, 10. Dc1—g1, Tf2—f6. (Etwas bessere Züge sind Tf2—f7 und f8; wir wählen absichtlich die kürzeren Varianten.) 11. Dg1—g4†, Ke2—f1, 12. Ke4—e3, Tf6—f2, 13. Dg4—h3†, Kf1—g1, 14. Dh3—g3†, Kg1—h1. Der Thurm darf wieder nicht genommen werden. (Zieht Schwarz Tf2—g2, so folgt Dg3—e1† nebst Ke3—f3 etc.) 15. Dg3—h4†, Tf2—h2, 16. Dh4—e1†, Kh1—g2, 17. De1—f2†, Kg2—h3, 18. Df2—f3†, Kh3—h4, 19. Ke3—f4 und gewinnt.

Regel. Die Dame gewinnt, falls nicht von vornherein eine Patstellung (s. Seite 20) unvermeidlich ist, unter allen Umständen gegen den Thurm.

Die Dame gegen andere Figuren.

Gegen zwei Thürme wird die Königin gewöhnlich nur remis erzielen können, aber auch die beiden Thürme können in der Regel nicht mehr als remis gegen die Dame erreichen. Gegen zwei Läufer wird, sofern dieselben nicht, von ihrem König entfernt, zerstreut auf dem Brete stehen, die Dame ebenfalls den Gewinn nicht erzwingen können. In der folgenden Position z. B. wird Schwarz sich, indem er die Läufer stets nahe seinem Könige hält, leicht zu vertheidigen im Stande sein z. B. 1. Dg2—b7, Lc4—d3† 2. Kf5—e6, Ld3—c4† 3. Ke6—d7, Lc4—b5† 4. Kd7—c8, Lb5—c6 5. Db7—a7†, Kc5—d5 und Weiss kann nicht gewinnen.

Gegen Springer und Läufer kann die Dame ebenfalls nur schwer und nur in gewissen Fällen etwas ausrichten. Desgleichen gegen zwei Springer, obgleich diese in vielen Stellungen unterliegen werden, besonders wenn die Dame den feindlichen König pat setzen kann.

Regel. In allen diesen, übrigens gewöhnlich recht schwierigen Spielendungen muss man suchen, den König von seinen kleinen Officieren und diese wiederum von einander zu trennen, worauf es nicht selten glücken wird, die letzteren zu erobern. —

Behält die eine Partei die Königin, die andere Partei Königin und Bauer übrig, so wird das Spiel gewöhnlich unentschieden bleiben, da es der schwächeren Partei durch Schachbieten zu gelingen pflegt, remis zu halten. Doch kommt dies ganz auf die Stellung und namentlich darauf an, ob der Bauer schon sehr weit vorgerückt ist, oder nicht, sowie ob der Damentausch vermieden werden kann, welcher meist den Verlust zur Folge hat.

In der nebenstehenden Position macht Weiss am Zuge das Spiel remis.

1. Da6—c4†, Kc1—d1, 2. Dc4—f1†, De7—e1, 3. Df1—f3†, De1—e2 (oder Kd1—c1), 4. Df3—h1†, Kd1—c2, 5. Dh1—c6†, Kc2—d3, 6. Dc6—b5†(!),

Kd3—e3, 7. Db5—e5†, Ke3—f3, 8. De5—h5†, Kf3—f2, 9. Dh5—h2†, Kf2—e1, 10. Dh2—g1†, De2—f1, 11. Dg1—e3†, Ke1—d1, 12. De3—b3†, Kd1—e2, 13. Db3—c4†, Ke2—e1, 14. Dc4—e4†, Df1—e2, 15. De4—h1†, Ke1—f2, 16. Dh1—h2† etc.

König und Dame gegen König und Bauer.

Gegen einen Bauer gewinnt die Königin unter allen Umständen; nur die Läufer- und Thurmbauern können gegen sie remis halten, aber auch diese nur dann, wenn sie bis in die siebente Linie vorgerückt sind und von ihrem König unterstützt werden. In allen anderen Fällen gewinnt die Dame, mag nun ein Springer-, Königs- oder Damenbauer bereits auf der siebenten Linie stehen, oder ein Läufer- oder Thurmbauer sich auf einer anderen als der siebenten Linie befinden.

Stellung I.

Stellung II.

Stellung I.

Weiss kann den Gewinn nicht erzwingen; z. B.

1. Dh1—b7†, Kb2—c2 (oder a1), 2. Db7—a6, Kc2—b2, 3. Da6—b5†, Kb2—c2, 4. Db5—c4†, Kc2—b2, 5. Dc4—b4†, Kb2—c2, 6. Db4—a3, Kc2—b1, 7. Da3—b3†, Kb1—a1 und Schwarz steht auf pat. Stünde aber der weisse König nahe genug, z. B. auf e3 (anstatt auf g3), so würde Schwarz verlieren, wie folgt:

1. Dh1—b7†, Kb2—c2 (oder a1), 2. Db7—a6, Kc2—b2, 3. Da6—b5†, Kb2—c2, 4. Db5—a4†, Kc2—b2, 5. **Ke3—d2**, a2—a1D, 6. Da4—b4†, Kb2—a2, 7. **Kd2—c2** und Weiss kann nun, da die schwarze Dame sich aus der Ecke entfernen muss, das Mat erzwingen, entweder sogleich auf b2, oder über b3 auf b1.

Stellung II.

Weiss kann nur remis machen.

1. Kb3—c3 (c2), Kg2—g1, 2. De2—g4†, Kg1—h2, 3. Dg4—f3, Kh2—g1, 4. Df3—g3†, Kg1—h1. Nimmt Weiss nun den Bauer, so ist Schwarz pat. Stünde aber im vorhergehenden Diagramm der weisse König nur um ein Feld näher, so würde Schwarz verlieren: 1. Kc3—d3 (d2), Kg2—g1, 2. De2—g4†, Kg1—h2, 3. Kd3—e2 oder 1. . . . . ., Kg2—h1, 2. Kd3—e3 und gewinnt.

Stellung III. (Lolli.)

Bemerkenswerth ist die nebige Stellung, in welcher das Spiel nach:

1. Da8—b7† bei Kb1—c2 remis wird, bei Kb1—a1 aber verloren geht, nämlich: 1. . . . . ., Kb1—a1, 2. Kc7—b6, hierdurch macht Weiss dem Gegner Luft und bringt seinen König zur Geltung, 2. . . . . . Ka1—b2, 3. Kb6—c5†, Kb2—c2, (auf Kb2—a1 folgt dasselbe Manöver mit Kc5—b4), 4. Db7—g2†, Kc2—b3, 5. Dg2—f1, Kb3—b2, 6. Df1—e2†, Kb2—b3, 7. De2—d1†, Kb3—b2, 8. Dd1—d2†, Kb2—b1, 9. Kc5—c4, a2—a1D, 10. Kc4—b3 und gewinnt.

Stellung IV.

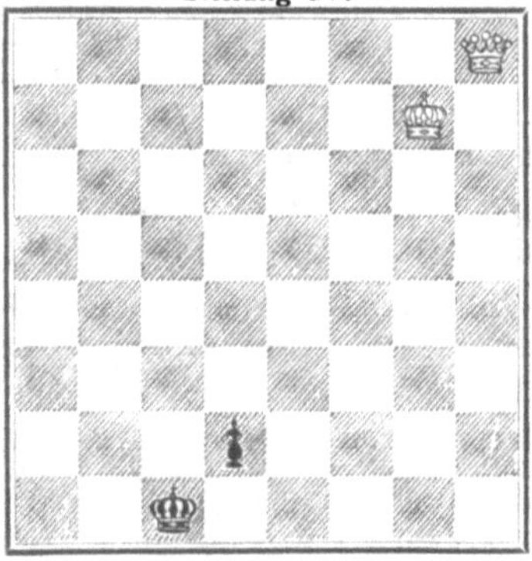

Weiss gewinnt (weil hier die Pat-Möglichkeit nicht gegeben ist).

1. Dh8—c8†, Kc1—b2, 2. Dc8—g4, Kb2—c2, 3. Dg4—c4†, Kc2—b2, 4. Dc4—d3, Kb2—c1, 5. Dd3—c3†, Kc1—d1. Weiss hat nun Zeit, mit dem Könige einen Schritt näher zu kommen. 6. Kg7—f6, Kd1—e2, 7. Dc3—e5†, Ke2—f2, 8. De5—d4†, Kf2—e2, 9. Dd4—e4†, Ke2—f2, 10. De4—d3, Kf2—e1, 11. Dd3—e3†, Ke1—d1, 12. Kf6—e5. So kommt der König Schritt für Schritt heran und der Bauer wird erobert. Ebenso verhält es sich mit den Damen- und den Springerbauern.

Der Thurm gegen Thurm und Bauer.

Dieses oft vorkommende Endspiel bleibt bei richtiger Vertheidigung meist unentschieden.

In der nebigen Stellung beherrscht der schwarze Thurm bereits die richtige Linie, indem er den gegnerischen König abschneidet, und zieht nun: 1. . . . . ., Th5—h4†, 2. Ke4—d5, Th4—h5†, 3. Kd5—c4 (bei Kd5—c6 tauscht Schwarz die Thürme und gewinnt den Bauer), 3. . . . . ., Th5—g5, 4. d4—d5, Tg5—g1, 5. Kc4—c5, Tg1—c1† und Schwarz bietet nun durch 6. . ., Tc1—d1 entweder Schach, oder greift den Bauer an, welcher ungestraft nicht weiter vorrücken kann.

Der Thurm gegen verschiedene Figuren.

Gegen einen Springer wird der Thurm in der Regel mehr als remis nicht erzielen können. Nur in Stellungen, in denen der feindliche König bereits an den Rand des Schachbretes, oder gar in eine Ecke gebannt, und sein Springer von ihm getrennt ist, kann es gelingen, diesen zu erobern. In der folgenden Position*) z. B. verliert Schwarz, wenn er (statt auf g8 Schach zu geben, worauf das Spiel unentschieden bleibt) Sh6—g4 † zieht, wie folgt: 1. Kf6—e6, Ke8—d8 (auch bei Ke8—f8 geht der Springer verloren), 2. Th7—h4, Sg4—e3 4. Th4—e4, Se3—c2 (bei

Stellung I. (Lolli.)

*) Siehe auch Stellung III auf Seite 42.

Se3—f1 geschieht Th4—d4† nebst Td4—d3), 5. Ke6—d5 Sc2—a3, 6. Kd5—c5 und gewinnt den Springer.

In noch selteneren Fällen richtet der Thurm gegen einen Läufer etwas aus. Hier ist es jedoch rathsam, den König in eine Ecke (jedoch nicht von der Farbe des Läufers) zu ziehen, um das Schach des Thurmes mit dem Läufer neben dem König zu decken, worauf höchstens pat erfolgen kann. Ist der König aber auf einem andern Randfelde postirt, so ziehe man nie den Läufer vor, weil derselbe dann durch einen Tempozug des Thurmes verloren gehen könnte. Man suche vielmehr nur, mit dem Läufer entfernt bleibend, die Entgegenstellung des feindlichen Königs zu verhindern.

Gegen zwei leichte Figuren macht der Thurm immer remis gegen drei hingegen verliert er immer.

Gegen zwei Thürme verliert ein Thurm unter gewöhnlichen Verhältnissen natürlich stets. Es giebt jedoch auch Ausnahmen von der Regel, die häufig sehr interessant sind. In dem folgenden Diagramm z. B. macht die schwächere Partei das Spiel unentschieden, weil ihr König pat steht.

Stellung II. (Handbuch.)

1. Tf4—a4†, Ka6—b5 (geht der König nach b6, so geschieht Ta4—b4† nebst Tb4—b7:), 2. Ta4—a5†, Kb5—b6, 3. Ta5—a6†, Kb6—c7, 4. Ta6—c6†, Kc7—d8, 5. Tc6—c8†, Kd8—d7 etc. Der Thurm verfolgt den König überall, und wenn er geschlagen wird, so ist Weiss pat.

In der folgenden Position (III), die, weil der weisse König auf Mat steht und ein weisser Thurm angegriffen ist, scheinbar auf remis hinausläuft, gewinnt Weiss auf eine feine Weise: 1. Tc5—h5!, Th4—h5:, 2. Ta7—a6†, K∼, 3. Ta6—a5† und Weiss gewinnt den Thurm von Schwarz.

Gegen Thurm und Laufer, sowie gegen Thurm und Springer wird ein Thurm für gewöhnlich das Spiel unentschieden machen; es giebt jedoch manche Stellungen, namentlich Randstellungen des Königs, in denen der Verlust nicht abgewendet werden kann, wie z. B. in den beiden Stellungen IV u. V:

Stellung III. (Stamma.)

Stellung IV. (Centurini.)

Weiss zieht und gewinnt.

1. Td4—c4 Tb6—a6
2. Tc4—h4 Kd8—c8
3. Th4—b4 Ta6—a8
4. Ke6—e7 Ta8—a7†
5. Ke7—e8 Ta7—a8
6. T Tempozug und setzt im nächsten Zuge mat.

Stellung V. (Handbuch.)

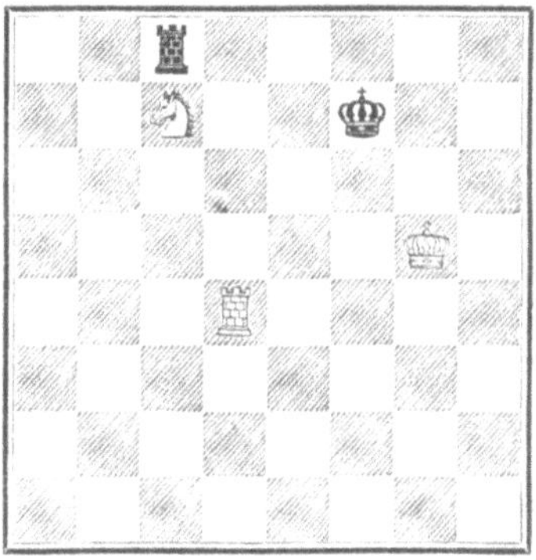

Weiss zieht und gewinnt.

1. Td4—d7† Kf7—g8
2. Kg5—g6 Kg8—f8
3. Td7—f7† Kf8—g8
4. Sc7—d5 Tc8—c6†
5. Sd5—f6† Tc6—f6‡
6. Tf7—f6: und gewinnt.

Der Thurm gegen einen und mehrere Bauern.

Ein Thurm kann unter normalen Verhältnissen gegen vier Bauern remis machen, gegen drei gewinnen. Es giebt jedoch Fälle in denen ein Thurm gegen drei, zwei, ja gegen einen Bauer verliert; es kommt natürlich vor Allem darauf an, wie weit die Bauern vorgerückt sind.

Stellung I.

In der nebigen Position z. B. kann Weiss den Bauer nicht mehr aufhalten: 1. Tc5—c8, Kd6—d7, 2. Kb4—c3, d2—d1 D und Schwarz gewinnt.

Stellung II.

Weiss am Zuge verliert, da einer der beiden Bauern in die Dame gelangt, gleichviel ob der König oder der Thurm dieselben angreift.

Stellung III. (Kling u. Horwitz.)

Weiss am Zuge gewinnt.

1. Th2—h8 Ka4—a5
2. Kc4—c3: b2—b1 S†
3. Kc3—b2 Sb1—d2
4. Th8—h4 Ka5—b5 (auch bei Sd2—f1 oder f3 geht der Springer verloren).
5. Kb2—c3 Sd2—b1†

6. Kc3—c2, Sb1—a3†, 7. Kc2—b3, Sa3—b1, 8. Th4—d4 und gewinnt.

Häufig wird ein Bauer gegen einen Thurm das Spiel unentschieden machen können, nämlich wenn er von seinem Könige unterstützt wird und der feindliche König zu weit entfernt steht.

Stellung IV.

Schwarz zieht und macht remis.

1.	. . . . . .	a7—a5
2.	Kf7—e6	a5—a4
3.	Ke6—d5	a4—a3
4.	Th6—a6	Kb4—b3
5.	Kd5—d4	a3—a2
6.	Kd4—d3	Kb3—b2
7.	Kd3—d2	a2—a1D

und Weiss muss den Thurm geben.

Stellung V. (Handbuch.)

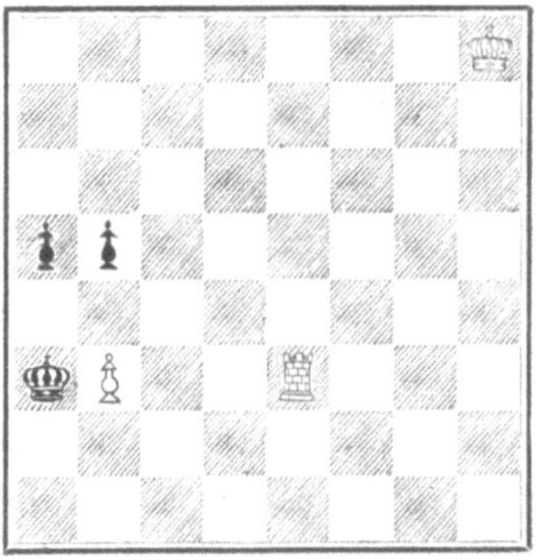

Schwarz zieht und macht remis.

1.	. . . . . .	b5—b4 (oder auch a5—a4)
2.	Kh8—g7	a5—a4
3.	b3—a4‡	Ka3—a4:
4.	Kg7—f6	b4—b3
5.	Kf6—e5	b3—b2
6.	Te3—e1	Ka4—a3
7.	Ke5—d4	Ka3—a2

und Weiss muss den Thurm geben.

Der Läufer gegen verschiedene Figuren.

Mitunter kommt es vor, dass ein Läufer gegen Thurm und einen Bauer remis halten kann. Als Beispiel diene die nachfolgende Stellung:

(Del Rio.)

1. . . . . ., Lc4—b3, 2. Ta7—b7, Lb3—c4, 3. Tb7—c7, Lc4—a2. Schwarz muss mit seinem Läufer immer so ziehen, dass er, wenn der weisse König auf g6 geht, ihn durch Schachgeben vertreiben kann. Er muss also die Diagonale a2—g8 einhalten.

Ein leichter Officier gegen zwei andere leichte Officiere macht das Spiel gewöhnlich unentschieden. Es kommen jedoch auch Positionen vor, in denen die numerisch schwächere Partei unterliegt; namentlich glückt es nicht selten zwei Läufern, einen Springer einzufangen, indem sie ihm allmählig alle Felder abschneiden.

Läufer von derselben Farbe gegen einander halten bei gleicher Bauernanzahl sich gewöhnlich die Wage. Hat aber die eine Partei einen Bauer mehr, so wird diese meist gewinnen.

Ein Läufer gegen einen Läufer derselben Farbe und einen Bauer wird remis machen, wenn es ihm gelingt, sich für den Bauer zu opfern, was aber durchaus nicht immer der Fall ist, wie folgendes Spiel beweist:

1. Lc1—b2, Le7—b4, 2. Lb2—f6†, Kd8—c8, 3. Lf6—e7, Lb4—d2, 4. Le7—d6, Ld2—g5, 5. Ld6—e5, Lg5—h4 (d8), 6. Le5—f6 und Weiss gewinnt, da nun der Bauer ungehindert zur Dame ziehen kann.

Sind die Läufer von ungleicher Farbe, so ist ein Uebergewicht von einem, selbst von mehreren Bauern nicht immer entscheidend, da der eine Läufer, von seinem Könige entsprechend unterstützt, die gegnerischen Bauern nicht ungestraft über die Felder seiner Farbe vorrücken lässt.

In der beistehenden Position macht Weiss, wenn am Zuge, remis. Zieht hingegen Schwarz zuerst, so gewinnt er.

Weiss greift mit: 1. Lc2—b3 den e-Bauer an, nöthigt denselben, da er nicht gedeckt werden kann, einen Schritt vorzugehen, spielt hierauf Lb3—e6 nebst Kf3—e4 und beherrscht dann die Linie g4, f5—c8, sodass keiner der Bauern vorrücken kann. Hätte Schwarz aber den Zug — es handelt sich also um ein einziges Tempo —, so würde er mittelst: 1. . . . . ., Kb8—c7, 2. Lc2—b3, Kc7—d6, 3. Kf3—e4, f6—f5†, 4. Ke4—f3, e6—e5, 6. Lb3—c2, e5—e4† etc. das Spiel zu seinen Gunsten entscheiden.

König, Läufer und Bauer gewinnen gegen den König regelmässig, mit Ausnahme des Falles, dass der Bauer ein Eckbauer und das Eckfeld nicht von der Farbe des Läufers ist. Dann tritt nämlich wieder die Pat-Möglichkeit ein, z. B.

1. Kb5—c4, Kc7—c6 (auch h7—h5, h5—h4 etc. führt nicht zum Ziele), 2. Kc4—d3, Kc6—d5, 3. Kd3—e2, Kd5—e4, 4. Ke2—f1, Ke4—f3, 5. Kf1—g1, h7—h5, 5. Kg1—h1, h5—h4, 7. Kh1—g1, h4—h3, 8. Kg1—h1, Kf3—g3, 9. Kh1—g1, Le5—d4† und Schwarz kann nur pat setzen.

König und Springer gegen König und Bauer.

Das Mat durch Läufer und Springer ist, wie wir frühe[r] gesehen haben, zwar schwierig, aber doch möglich. Zwei Springe[r] hingegen können das Mat nicht erzwingen, weil wiederum di[e] Pat-Möglichkeit dazwischen tritt. Besitzt die schwächere Parte[i] aber noch einen Bauer, so kann dieselbe gerade in Folge desse[n] das Spiel noch verlieren und mat werden. In der folgende[n] Stellung setzt Weiss in fünf Zügen mat:

1. Sd6—f5, f4—f3 (oder Var.), 2. Se8—f6†, Kg8—h8, 3. Ke7—f7, f3—f2, 4. Sf5—h4, f2—f1D, 5. Sh4—g6 ‡. Var. 1....., Kg8—h7, 2. Ke7—f7, ~, 3. Se8—f6 etc.

Selbst ein Springer vermag, wenn die Gegenpartei einen Eckbauer besitzt, mitunter den Gewinn zu erzwingen:

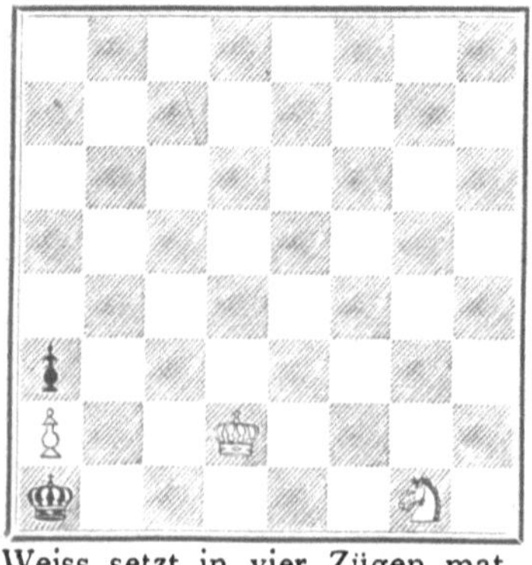

Weiss setzt in vier Zügen mat.

1. Kd2—c2, Ka1—a2:, 2. Sg1—e2, Ka2—a1, 3. Se2—c1, a3—a2, 4. Sc1—b3 ‡.

Gegen einen Bauer, selbst wenn derselbe von seinem Könige unterstützt wird, macht ein Springer fast immer remis, indem er abwechselnd Schach bietet oder König und Bauer gleichzeitig anzugreifen droht.

Bauern gegen Bauern.

Das Bauernspiel, wiewohl dasselbe sehr einfach und leicht zu sein scheint, gehört zu den schwierigsten Theilen des Schachs. Hier kommt auf ein Tempo oft weit mehr an, als in der Mitte oder zu Anfang einer Partie. Hier giebt es Feinheiten, die man nur durch lange Uebung kennen lernen kann.

Der König hält für gewöhnlich drei verbundene (s. Seite 26) Bauern auf; gegen einen Bauer, welcher von seinem König zur Dame geführt werden soll, macht er das Spiel unentschieden, sobald es ihm gelingt, die Opposition (s. Seite 17) zu erlangen.

In der folgenden Stellung gewinnt Weiss, wenn er den Anzug hat; mit dem Zuge hingegen macht Schwarz remis.

Stellung I.

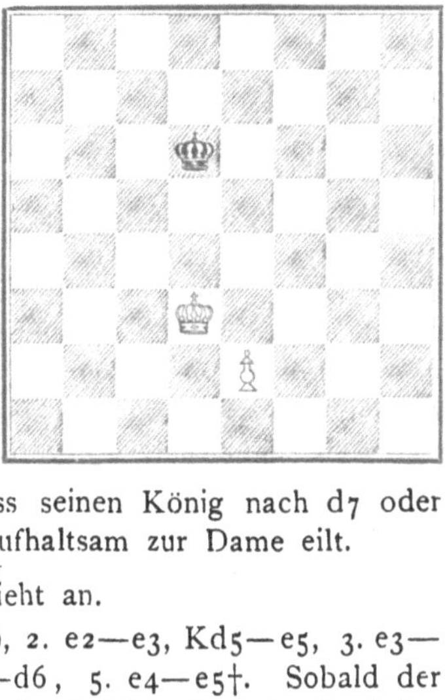

Weiss zieht an.

1. Kd3—e4, Kd6—e6, 2. e2—e3, Ke6—f6 (d6), 3. Ke4—d5 (f5), Kf6—e7, 4. Kd5—e5, Ke7—f7 (d7), 5. Ke5—d6 (f6), Kf7—e8, 6. Kd6—e6, Ke8—f8 (d8), 7. Ke6—d7, Kf8—f7, 8. e3—e4, Kf7—f6, 9. Kd7—d6, Kf6—f7, 10. e4—e5, Kf7—e8, 11. Kd6—e6, der entscheidende Zug, welcher Schwarz zwingt, die Opposition aufzugeben. Der schwarze König muss nun entweder nach f8 oder nach d8 ausweichen, worauf Weiss seinen König nach d7 oder nach f7 zieht und der Bauer unaufhaltsam zur Dame eilt.

Schwarz zieht an.

1. . . . . ., Kd6—d5 (auch e5), 2. e2—e3, Kd5—e5, 3. e3—e4, Ke5—e6, 4. Kd3—d4, Ke6—d6, 5. e4—e5†. Sobald der Bauer Schach geben muss, steht das Spiel auf remis (und Pat

in Aussicht). 5. . . . . ., Kd6—e6, 6. Kd4—e4, Ke6—e7! (der einzig richtige Zug, um die Opposition zu behaupten), 7. Ke4—f5 Ke7—f7, 8. e5—e6†, Kf7—e7, 9. Kf5—e5, Ke7—e8, 10. Ke5—f6 (d6), Ke8—f8 (d8), 11. e6—e7†, Kf8—e8, 12. Kf6—e6 Schwarz ist pat.

Man wird wohl daran thun, die sehr wichtige Manipulation der Oppositionsgewinnung so lange zu wiederholen, bis man sie sich genau eingeprägt hat.

Stellung II.

Weiss am Zuge gewinnt.

Diese Stellung lehrt dreierlei: einmal, dass drei verbundene (hier schwarze) Bauern, die durch ihren König nicht unterstützt sind, vom feindlichen (hier weissen) Könige bequem aufgehalten werden; zweitens, in welcher Weise ein sogenannter „Bauerndurchbruch", obgleich mit Opfern verknüpft, doch zum Ziele führen kann; drittens, von welch' entscheidendem Nachtheil eine ungünstige Königsstellung sein kann.

1. b4—b5!, f4—f3†, 2. Kg2—f2, h4—h3, 3. Kf2—g3, c6—b5: (falls a6—b5:, so 4. c4—c5 etc.), 4. a4—a5, b6—a5:, 5. c4—c5, a5—a4, 6. c5—c6, a4—a3, 7. c6—c7, a3—a2, 8. c7—c8D† und gewinnt. Stünde der schwarze König nicht so unglücklich auf h8 (sondern z. B. auf h7), sodass Weiss den Bauer nicht zugleich mit Schachbieten zur Dame brächte, so würde Schwarz gewinnen und zwar nicht allein durch das Bauernübergewicht, welches er, nachdem beide Parteien die Dame erlangt haben, behalten würde, sondern er würde auf feine Weise zuvor den weissen König mit Hülfe der drei Königsbauern in eine ebenso schlechte Stellung bringen, wie der schwarze König auf h8 einnahm; nämlich (schwarzer König auf h7):

1. b4—b5, f4—f3†, 2. Kg2—f2, h4—h3, 3. Kf2—g3, f3—f2, 4. Kg3—f2:, h3—h2, 5. Kf2—g2, h2—h1D†, 6. Kg2—h1:, c6—b5: (oder a6—b5:), 7. a4—a5, b6—a5: (besser als b5—c4:, da Schwarz hierbei einen Bauer weniger behält),

8. c4—c5, a5—a4, 9. c5—c6, a4—a3, 10. c6—c7, a3—a2, 11. c7—c8D, a2—a1D† und Schwarz gewinnt.

Einen andern, wiederum mit Opfern verknüpften Bauerndurchbruch veranschaulicht die Stellung III:

1. g3—g4, f5—g4:, 2. f4—f5, g6—f5:, 3. g5—g6, h7—g6:, 4. h6—h7 und gewinnt; oder 1. . . . . ., Kc6—d7, 2. g4—f5:, Kd7—e7, 3. f5—g6:, Ke7—f8, 4. g6—h7: und gewinnt gleichfalls.

Stellung III.

Weiss am Zuge gewinnt.

Auch in derartigen Endspielen ist es zuweilen von entscheidendem Nachtheil, dass man am Züge ist und demnach ziehen muss; man vergleiche Stellung IV, in welcher Weiss gewinnt, wenn Schwarz anzieht, aber nur remis machen kann, wenn er selbst beginnen soll.

Stellung IV. (Philidor.)

Weiss zieht an:

1. Ke4—d4, Ke6—d6, 2. Kd4—d3, Kd6—d7, 3. Kd3—e3, Kd7—e7, 4. Ke3—d3, Ke7—d6, 5. Kd4—e4, Kd6—e6 und Schwarz behauptet die Opposition und die Partie ist remis.

Schwarz zieht an:

1. . . . . ., Ke6—d6, 2. f4—f5, Kd6—e7!, 3. f5—f6† (bei f5—g6: wäre das Spiel remis), 3. . . . . ., Ke7—e6, 4. f6—f7, Ke6—f7:, 5. Ke4—d5, Kf7—e7, 6. Kd5—e5, Ke7—f7, 7. Ke5—d6, Kf7—f8, 8. Kd6—e6, Kf8—g7, 9. Ke6—e7, Kg7—g8, 10. Ke7—f6, Kg8—h7, 11. Kf6—f7, Kh7—h8, 12. Kf7—g6:. Kh8—g8, 13. Kg6—f6, Kg8—f8, 14. g5—g6 und Weiss gewinnt.

Stellung V. (Lolli.)

In dem Endspiel der Stellung V bleibt das Spiel unentschieden, gleichviel, wer anzieht, obschon Schwarz einen Bauer mehr hat, als sein Gegner.

1. Kh4—g4, Kh6—g6, 2. Kg4—f4, Kg6—f7, 3. Kf4—f5, Kf7—e7, 4. Kf5—g4!, Ke7—e6, 5. Kg4—f4, Ke6—e7 etc.

In der nachfolgenden Position wettete der berühmte ungarische Meister Szén, ein hervorragender Kenner des Bauernspieles, gegen Pariser und Londoner Spieler, dass der Anziehende gewinne, und bewies es wie folgt:

Stellung VI.

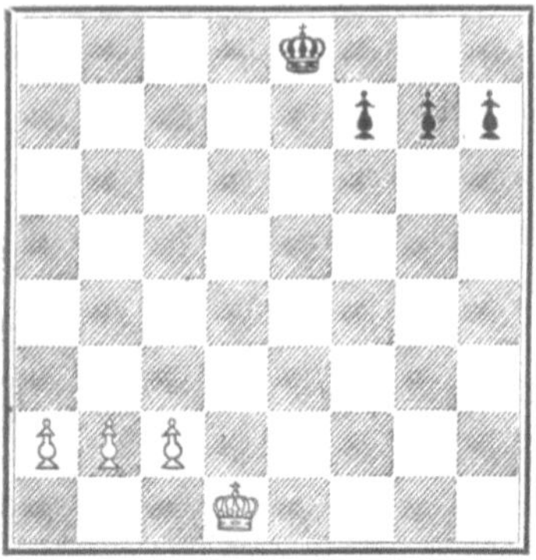

1. Kd1—e2! (bei 1. a2—a4 bleibt das Spiel unentschieden), Ke8—d7, 2. Ke2—f3, Kd7—c6, 3. a2—a4, h7—h5, 4. c2—c4, f7—f5, 5. Kf3—g3, Kc6—b6, 6. b2—b4, g7—g5 (bei g7—g6 ist der Gewinnzug für Weiss ebenfalls a4—a5†), 7. a4—a5†, Kb6—a6, 8. c4—c5, h5—h4†, 9. Kg3—h3, f5—f4, 10. c5—c6, f4—f3, 11. b4—b5†, Ka6—a7, 12. c6—c7, g5—g4†, 13. Kh3—h2, f3—f2, 14. c7—c8D, f2—f1D, 15. b5—b6‡.

Recht piquant ist auch die folgende Stellung VII, in welcher Weiss gewinnt (s. Diagramm S. 51):

1. f2—f3, e4—f3:, 2. Kg1—f1, f3—f2, 3. e3—e4, d5—e4:, 4. Kf1—f2:, e4—e3†, 5. Kf2—e1, e3—e2, 6. d4—d5, c6—d5:, 7. Ke1—e2:, d5—d4, Ke2—d2, 8. d4—d3, 9. c5—c6, b7—c6:, 10. Kd2—d3:, c6—c5, 11. Kd3—c4, Ka8—b7, 12. Kc4—c5: und gewinnt: z. B. bei Kb7—a8 durch 13. Kc5—b5, Ka8—b7, 14. a7—a8D†, Kb7—a8:, 15. Kb5—c6, Ka8—b8, 16. b6—b7. Kb8—a7, 17. Kc6—c7 nebst 18. b7—b8D† u. s. w. Man merke

hierbei, dass der einzelne Bauer in die Dame gehen kann, wenn er auf das siebente Feld, ohne Schach zu geben, vorrückt, während im entgegengesetzten Falle das Spiel nur remis wird; vergl. Stellung I S. 47.

Stellung VII. (Palamède.)

Diese Beispiele mögen genügen, um dem Schachfreund einen Begriff von der Schwierigkeit und Feinheit des Bauernspieles zu geben. Nicht wenige in der Eröffnung minder interessante Partieen werden erst gegen das Endspiel hin, nachdem die Damen und Officiere abgetauscht sind, anziehend und reich an feinen Combinationen.

Endspiel-Studien.

Im Anschluss an diesen Abschnitt geben wir nun noch eine Anzahl besonders feiner Studien, welche der Lernende mit Sorgfalt und Eifer zu ergründen suchen möge. Die Studie ist meist ein willkürlich componirtes Endspiel, welches jedoch nicht, gleich dem sogenannten Problem (directes Mat), auf eine kunstvolle Matführung in so und so viel Zügen hinausläuft, sondern nur den einfachen Gewinn oder ein Remis im Auge hat.

I.

Lolli.

Weiss zieht an und gewinnt.

II.

B. Horwitz in London.

Weiss zieht an und gewinnt.

III.

Jacobi und S. Gold. (Wiener Salonblatt.)

Weiss zieht an und gewinnt.

IV.

Kling und Horwitz.

Weiss zieht an und gewinnt.

V.

P. T. Duffy in London.

(D. Schachz. 1866, S. 219.)

Weiss zieht an und gewinnt.

VI.

Aus einer Partie.

(D. Schachz. 1868, S. 194.)

H. Metger.

J. Minckwitz.

Weiss zieht an und gewinnt.

VII.

B. Horwitz in London.
(D. Schachz. 1871, S. 58.)

Weiss zieht an und gewinnt.

VIII.

B. Horwitz in London.
(D. Schachz. 1871, S. 58.)

Weiss zieht an und gewinnt.

IX.

B. Horwitz in London.
(D. Schachz. 1872, S. 68.)

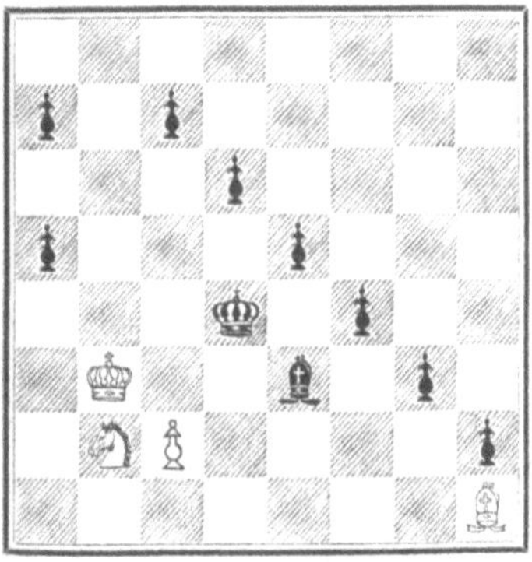

Weiss zieht an und gewinnt.

X.

B. Horwitz in London.
(D. Schachz. 1877, S. 114.)

Weiss zieht an und gewinnt.

XI.

B. Horwitz in London.

(D. Schachz. 1872, S. 68.)

Weiss zieht an und gewinnt.

XII.

J. Minckwitz in Leipzig.

(Originalposition.)

Weiss zieht an und gewinnt.

Lösungen der Endspiele.

I.

1. Tc5—b5   Ka6—b5:
2. b6—b7   b2—b1D
3. b7—b8D† und gewinnt.

II.

1. Kd5—c6   Db8—a7
2. Dd7—d8†   Da7—b8
3. Dd8—a5†   Db8—c7
4. Lc4—a6 und gewinnt.

III.

1. Da3—f3   Db1—a2 (V.)
2. Df3—f6†   Kb6—b5
3. Kb8—c7   Da2—h2†!
4. Df6—d6   Dh2—h7†
5. Dd6—d7† und gewinnt.

1. . . . . .   Da2—a1
2. Df3—b3†   Kb6—c6
3. Db3—e6†   Kc6—b5
4. De6—e8†   Kb5—b6
5. Kb8—c8 und gewinnt.

IV.

1. Lc4—b5†   Ke8—f8
2. Lc7—d6†   Kf8—g8
3. Lb5—c4†   Kg8—h7! (sonst Kf6—g6)
4. Lc4—f1   Kh7—h6! (sonst Kf6—g6)

5. Ld6—f4† Kh6—h5! (sonst Kf6—f7)
6. Kf6—f5 Kh5—h4
7. Lf4—d2 Kh4—g3! (sonst Lg5 etc.)
8. Ld2—e3 Kg3—h2 (sonst Lf4 etc.)
9. Kf5—g4 Kh2—h1
10. Kg4—f3 und Weiss setzt in zwei Zügen mat.

V.

1. Sh7—g5 b7—b5
2. h4—h5 b5—b4
3. h5—h6 b4—b3
4. h6—h7 b3—b2
5. Sg5—e4! Kd5—e4:
6. h7—h8D Ke4—d3
7. Kf6—e7 Kd3—c2
8. Dh8—c3† Kc2—b1
9. d2—d4 und gewinnt.

VI.

1. Lb2—c3 b7—b5
2. Lc3—a1 b5—b4
3. La1—b2 b4—b3
4. Kf4—g4 Ke6—e7
5. Kg4—h5 Ke7—e8
6. Kh5—g6 Ke8—f8
7. Lb2—f6 b3—b2
8. Lf6—b2: Kf8—e8
9. Kg6—g7 Ke8—e7
10. Lb2—c3 K ∼
11. Lc3—f6 und gewinnt.

VII.

1. Td3—d4† Kc4—c5
2. Td4—d5‡ c6—d5:
3. d2—d4† K∼
4. L giebt † und gewinnt die Dame.

VIII.

1. b2—b4† Kc5—b4:
2. Sc3—d5‡ Kb4—c5
3. Sd5—b6 und Weiss gewinnt die Dame.

IX.

1. c2—c3† Kd4—c5
2. Sb2—a4† Kc5—b5
3. c3—c4† Kc5—a6
4. Kb3—c2 L zieht
5. Kc2—d3 ∼
6. Kd3—e2 ∼
7. Ke2—f1 ∼
8. Lh1—f3 ∼
9. Kf1—g2 ∼
10. Kg2—h3 ∼
11. Kh3—g4 ∼
12. Kg4—f5 ∼
13. Kf5—e6 ∼
14. Ke6—d7 ∼
15. Kd7—c7: Lb6†
16. Kc7—c8 und Weiss setzt auf b7 schliesslich mat.

X.

1. Ke2—e1 Kb1—c1
2. Sc5—b3† Kc1—b1
3. Lb6—e3 f4—e3:
4. f3—f4 g5—f4:!
5. Ke1—d1 f4—f3!
6. Sb3—d2† e3—d2:
7. Sb4—d5 (c2) f3—f2
8. Sd5—c3 ≠.

XI.

1. Ke8—e7 Ta8—b8! (sonst folgt Se4—d6 etc.)
2. Se4—g5 Tb8—a8
3. Sg5—f7 Ta8—b8
4. Ke7—f8! (ein sehr feiner Zug)

4. . . . . Tb8—a8
5. Kf8—e8 Ta8—b8
6. Sf7—h6 Tb8—a8
7. Sh6—f5 Kc8—b8!
8. Sf5—d6! c7—d6:
9. Ke8—d8 nebst 10. c6—c7 ‡.

XII.

1. a6—a7 Kc6—b7
2. f4—f5 f7—f6
3. Kh3—h4 Se7—f5‡
4. Kh4—h5: Sf5—e3†
5. Kh5—h6: f6—f5
6. Kh6—g6 f5—f4
7. Kg6—f6 Se3—g4†
8. Kf6—e6 Sg4—e3
9. Lf3—d5‡ Se3—d5:
10. Ke6—d5: f4—f3
11. Kd5—d6 f3—f2
12. a7—a8D† Kb7—a8:
13. Kd6—c7 f2—f1D
14. b6—b7† und gewinnt.

Var. 4. . . . . . Sf5—e7†
5. Kh5—h6: f6—f5
6. Kh6—g7 f5—f4
7. Kg7—f7 u. gewinnt.

Dritter Abschnitt.

Die Spieleröffnungen.*)

Die Theorie der „Spieleröffnungen" oder „Anfangsspiele" behandelt die ersten Züge bis zu dem Punkte, wo die sogenannte Entwickelung der Steine vollendet ist und das Mittelspiel be-

*) Eine grosse Anzahl der durchgeführten Anfangsspiele entlehnen wir oder geben wir in Uebereinstimmung mit dem berühmten „v. Bilguer'schen Schachhandbuch". Auch die „Deutsche Schachzeitung", deren Redaction lange Jahre hindurch vom Verfasser geleitet wurde, haben wir vielfach als Quelle benutzt.

beginnt, und belehrt über die zweckmässigste Art der Entfaltung der Streitkräfte.

Die bei Eröffnung einer Partie zu beobachtende Hauptregel, zunächst die mittleren Bauern, sowie die Läufer und Springer herauszubringen, dagegen zu vermeiden suchen, die Dame zu früh in's Spiel zu bringen, haben wir bereits auf S. 28 gegeben. Eine sorgfältige Aufstellung der Figuren dergestalt, dass ihre Wirksamkeit ungehemmt nach allen Richtungen hin eine grösstmögliche ist, kann als Grundzug einer correcten Entwickelung hingestellt werden. Nun ist im Allgemeinen die Wirksamkeit der Figuren auf den Eck- und Randfeldern die schwächste, weil sie von diesen aus weit weniger Felder beherrschen, als in der Mitte des Bretes; demgemäss besteht eine gute Entwickelung der Figuren darin, dass sie möglichst nach der Mitte des Bretes hin dirigirt werden. Man zieht also beispielsweise die Springer von ihrem ursprünglichen Standorte nicht in die Randfelder, sondern auf die dritte, resp. sechste Linie; die Läufer nicht auf die zweite, resp. siebente, sondern auf die vierte, resp. fünfte Linie u. s. w., wie dies aus den folgenden regelmässigen Spielanfängen im Einzelnen ersichtlich ist.

Diesen Grundregeln kommt natürlich keine ausnahmslose absolute Gültigkeit zu, sondern sie sollen nur dazu dienen, die leitenden Grundsätze der allgemeinen Behandlung der Spielanfänge klar zu machen. Sobald durch eine Abweichung von ihnen ein directer Vortheil erreicht werden kann, wie der Gewinn eines feindlichen Steines, oder ein directer Nachtheil, wie der Verlust eines eigenen Steines, abgewehrt werden muss, treten sie ausser Kraft. Man wird daher bei jedem Zuge seine Aufmerksamkeit darauf zu richten haben, ob es sich direct um Gewinn oder Verlust eines Steines handelt, und wenn dies der Fall ist, den entsprechenden Zug unbedenklich thun müssen. Die obigen Regeln erstrecken sich demnach nur auf vorbereitende Züge; so lange weder ein vortheilhafter Angriff auszuführen, noch eine Vertheidigung gegen feindlichen, Verlust drohenden Angriff nöthig ist, sucht man die eigenen Steine so zu placiren, dass sie zum Angriff wie zur Vertheidigung gleich bereit stehen, was durch Befolgung der angegebenen Regeln erreicht wird.

Die regelmässigen Spielanfänge haben ihre besonderen Namen theils nach denjenigen Meistern, welche sie zuerst angewandt oder empfohlen haben, theils nach Ländern oder Städten, in welchen sie erfunden worden sind, theils nach denjenigen Schachsteinen, welche zuerst entwickelt werden. Alle übrigen Spielanfänge pflegt man als „unregelmässige" zu bezeichnen.

Wir wollen die gebräuchlicheren Spielanfänge der Reihe nach betrachten, indem wir gleichzeitig bei sich darbietender Gelegenheit diejenigen Lehren hinsichtlich der Anwendung der Steine einflechten, welche der strebsame Schachfreund sich als Richtschnur dienen lassen sollte.

Erste Abtheilung.

Gewöhnliche Spiele auf dem Königsflügel*).

I. Das Springerspiel.

Weiss   Schwarz

1. e2—e4

Da es vortheilhaft ist, sobald als möglich die Officiere freizubekommen, der angegebene Bauerzug aber dem Königsläufer f1 und der Dame Spielraum verschafft, so ist derselbe ein sehr guter Zug. Schwarz antwortet dem entsprechend mit:

1. . . . . .   e7—e5

2. **Sg1—f3**

Nach diesem Zuge ist die Eröffnung, welche man auch mit Königsspringerspiel bezeichnen kann, benannt. Der Springer greift den Bauer e5 an, und Schwarz hat nun die Wahl, denselben zu decken, oder seinerseits den weissen Bauer e4 anzugreifen. Decken kann er durch folgende Züge:

a) **d7—d6**, b) **Sb8—c6**, c) **f7—f6**, d) **Lf8—d6**, e) **Dd8—f6**, f) **Dd8—e7**.

Angreifen durch:

A) **d7—d5**, B) **f7—f5**, C) **Sg8—f6**.

Wir wollen dieselben der Reihe nach betrachten.

a) 2. . . . . .   **d7—d6**

Hiermit geht die Eröffnung in die Vertheidigung des berühmten französischen Meisters Philidor

*) Einschliesslich des Evans-Gambit und des Schottischen Gambit.

über, welcher namentlich auf die Führung der Bauern grosses Gewicht legte und in dieser Hinsicht eine ganz neue Schule begründete. In neuerer Zeit hat man seine Bauerntheorie freilich längst theils verlassen, theils umgestossen und durch das Officiersspiel ersetzt, doch noch immer hochinteressant ist sein Princip.

3. d2—d4 e5—d4: (s. Varianten I u. II)
4. Dd1—d4: Sb8—c6
5. Lf1—b5

Gewöhnlich pflegt man die Dame anfänglich nicht in's Spiel zu bringen, um sie nicht unnöthig gegnerischen Angriffen auszusetzen. In dem vorliegenden Falle indessen konnte dieselbe gefahrlos vorgehen, denn der Läuferzug macht den letzten Officier unschädlich, der ihr zunächst hinderlich werden könnte; daher ist sie diesmal auf d4 ganz gut postirt.

5, ... Lc8—d7
6. Lb5—c6: Ld7—c6:
7. Lc1—g5 Sg8—f6

Minder gut für Schwarz ist f7—f6, worauf 8. Lg5—h4, Sg8—h6, 9. Sb1—c3, Dd8—d7, 10. o—o, Lf8—e7, 11. Ta1—d1, o—o, 12. Dd4—c4†, Tf8—f7, 13. e4—e5 etc. die Folge sein könnte.

8. Sb1—c3 Lf8—e7
9. o—o—o o—o
10. Th1—e1 h7—h6
11. Lg5—h4 Sf6—d7
13. Lh4—e7: Dd8—e7:

Das Spiel steht ungefähr gleich.

Variante I.

3. ..... Sg8—f6
4. Sb1—c3 e5—d4:
5. Sf3—d4: Lf8—e7
6. Lf1—e2 o—o
7. o—o c7—c5

Der schwarze Damenbauer ist nun rückständig, was meist nachtheilig, jedoch im gegebenen Falle nicht eben schädlich ist. Uebrigens würde dies durch 7. ....., d6—d5 vermieden worden sein, welches zur Folge haben könnte:

8. e4—e5, Sf6—e4, 9. Sc3—e4:, d5—e4:, 10. Lc1—e3, Le7—c5, 11. Sd4—b5, Dd8—d1:, 12. Tf1—d1:, Lc5—e3:, 13. Sb5—c7:, Le3—f4, 14. Sc7—a8:, Lf4—e5:, 15. Td1—d5, Sb8—c6, 16. Le2—b5, Lc8—e6, 17. Lb5—c6:, Le6—d5:, 18. Lc6—d5:, Tf8—a8:, 19. Ld5—b7:, Le5—b2: etc.

8. Sd4—f3 Sb8—c6
9. Lc1—g5 Lc8—e6
10. Dd1—d2 Dd8—b6
11. Sc3—d5 Le6—d5:
12. e4—d5: Sc6—b8
13. Lg5—f6: Le7—f6:
14. c2—c4 Sb8—d7

Das Spiel steht gleich.

Variante II.

3. . . . . Lc8—g4

Dieser Zug ist minder empfehlenswerth, indessen nicht ganz zu verwerfen.

4. d4—e5: Lg4—f3:
5. Dd1—f3:† d6—e5:
6. Lf1—c4 Dd8—d7
7. Sb1—c3 Sg8—f6
8. Lc1—g5 Lf8—e7
9. Tf1—d1 Dd7—c8

Von besonderer Wichtigkeit ist die Postirung der Thürme. Mit diesen muss man suchen, eine offene Linie zuerst zu besetzen, was hier dem Weissen gelingt; ferner sie miteinander in Verbindung zu bringen, was Weiss hier durch die Rochade bewerkstelligen könnte; sodann sie zu verdoppeln, was natürlich sowohl auf den senkrechten, als auf den wagerechten Linien geschehen kann. Sehr wirksam, besonders im Endspiel, ist ein Thurm auf der zweiten (siebenten) Linie, der Bauernreihe des Gegners. Hat man mit einem Thurm eine freie Linie occupirt, so suche man dieselbe zu behaupten, was häufig dadurch ermöglicht wird, dass man, wenn der Gegner entgegenstellt, nicht selbst tauscht, sondern tauschen lässt. Sehr geeignet sind die Thürme, das Vorrücken der Bauern zu unterstützen.

10. Sc3—d5

Weiss steht im Vortheil.

b) 2. . . . . **Sb8—c6**

Auf diesen vorzüglichen Vertheidigungszug von Schwarz bieten sich dem Angreifenden mehrere höchst interessante Fortsetzungen, die wir jede für sich besonders betrachten müssen, daher hier nur mit Namen anführen wollen. Es sind dies:

3. Lf1—c4 Lf8—c5

die **italiänische Partie,** oder das **giuoco piano;**

ferner:

3. d2—d4 etc.

das **schottische Gambit;**

3. Lf1—c4, Sg8—f6

das **Zweispringerspiel im Nachzuge;**

ferner:

3. Lf1—b5

die **spanische Partie,** oder das **Springerspiel des Ruy Lopez;**

ferner:

3. Lf1—c4 Lf8—c5
4. b2—b4

das **Evans-Gambit;**

ferner:

3. c2—c3

die **englische Partie.**

c) 2. . . . . ., **f7—f6.**

Dieser von Anfängern häufig gewählte Vertheidigungszug taugt nichts, denn der Verlust des Springers ist für Weiss nicht etwa als Nachtheil zu betrachten, sondern hat für ihn den Gewinn der Partie zur Folge.

3. Sf3—e5:

Der Anfänger wird den Springer gewöhnlich kopfschüttelnd nehmen und 3. . . . ., f6—e5: ziehen, worauf Schwarz in kurzer Zeit verloren ist, nämlich durch: 4. Dd1—h5†, Ke8—e7 (auf g7—g6 gewinnt Weiss einen Thurm), 5. Dh5—e5‡, Ke7—f7, 6. Lf1—c4†, d7—d5, 7. Lc4—d5‡, Kf7—g6, 8. h2—h4, Lf8—d6, 9. h4—h5†, Kg6—h6, 10. d2—d4†, g7—g5, 11. h5—g6‡, Kh6—g6:, 12. De5—h5†, Kg6—f6 oder g7, 13. Dh5—f7 ǂ.

Weit besser als den Springer zu nehmen ist:

3. . . . . .   Dd8—e7!
4. Se5—f3   d7—d5

Auf De7—e4‡ zieht Weiss Lf1—e2 und ist mit der Entwickelung weit voraus.

5. d2—d3   d5—e4:
6. d3—e4:   De7—e4‡
7. Lf1—e2   Lc8—f5
8. Sf3—d4   Sb8—c6
9. Sd4—f5: und Weiss steht viel besser.

d) 2. . . . . .   **Lf8—d6**

Wie bereits erwähnt, muss man seine Figuren so postiren, dass keine der andern hinderlich ist. Ganz besonders aber hat man zu beachten, dass das Aufziehen des Königs- und des Damenbauern in keiner Weise verhindert oder verzögert wird, weil das Vorschieben dieser beiden Bauern in den meisten Eröffnungen als Basis der Entwicklung gelten kann. Schon hieraus erhellt, dass der Läuferzug Lf8—d6 ungesund ist; der schwarze Damenbauer ist dadurch im Vorgehen gehemmt.

3. Lf1—c4   Sg8—f6 (V.*))
4. d2—d4   Sf6—e4:
5. d4—e5:   Ld6—c5
6. Dd1—d5   Lc5—f2‡
7. Ke1—e2   o—o
8. Dd5—e4:   Lf2—b6
9. Sf3—g5   g7—g6
10. Th1—f1

Weiss hat einen Officier mehr und steht unvergleichlich besser.

Variante:

3. Lf1—c4   c7—c6
4. d2—d4   Ld6—c7
5. d4—e5:   Lc7—e5:

Schwarz opfert scheinbar den Läufer, gewinnt aber dafür einen Officier zurück.

6. Sf3—e5:   Dd8—a5†
7. Sb1—c3   Da5—e5:
8. o—o

Die Streitkräfte sind nun wieder gleich. Schwarz ist am Zuge, aber der Anziehende hat eine überwiegende Stellung und wird allmählig einen unwiderstehlichen Angriff erlangen. —

*) V. = Variante, d. i. abweichendes Nebenspiel.

Die noch übrigen beiden Vertheidigungszüge mit der Dame sind nicht gerade ganz schlecht, verdienen jedoch wenig oder keine Beachtung, denn

e) 2. . . . . . **Dd8—f6**
bringt die Dame zu früh in's Spiel, wodurch später Züge verloren gehen, und

f) 2. . . . . . **Dd8—e7**
versetzt den schwarzen Königsläufer. —

Wir gehen über zu den Gegenangriffszügen.

A) 2. . . . . . **d7—d5**

Dieser Zug gehört nicht zu den besten.

3. e4—d5:

Die richtige Fortsetzung; minder gut, doch nicht zu verwerfen, sind die Züge

3. Sf3—e5: und 3. d2—d4.

3.	. . . . .	e5—e4 (V.)
4.	Dd1—e2	Dd8—e7
5.	Sf3—d4	Sg8—f6
6.	Sb1—c3	De7—e5
7.	Sd4—f3	De5—e7
8.	Sf3—g5	Lc8—f5
9.	De2—b5†	

und Weiss steht im Vortheil.

Variante:

3.	. . . . .	Dd8—d5:
4.	Sb1—c3	Dd5—e6
5.	Lf1—b5†	Lc8—d7
6.	o—o	a7—a6
7.	Lb5—d7‡	Sb8—d7:
8.	d2—d4	o—o—o
9.	Tf1—e1	f7—f6
10.	Dd1—e2	

Weiss setzt consequent den Angriff auf der Königslinie fort.

10.	. . . . .	Lf8—d6
11.	Sc3—e4	e5—d4:
12.	Sf3—d4:	De6—e5
13.	Se4—d6‡	De5—d6:
14.	Sd4—e6	Td8—e8,
15.	Lc1—f4	Dd6—e7
16.	De2—c4	c7—c6
17.	Dc4—d4	Sd7—e5
18.	Te1—e5:	f6—e5:
19.	Dd4—e5: und Weiss gewinnt.	

B) 2. . . . . . **f7—f5**

Dieser Zug bildet ein Gambit in der Rückhand. Bei richtiger Fortsetzung wird Weiss das überwiegende Spiel erhalten; macht er jedoch einen oder einige ungeeignete Züge, so kann Schwarz leicht den Angriff erlangen.

3. Sf3—e5:

Der beste Zug; gut ist auch Lf1—c4, schwach hingegen die Annahme des Gambits durch e4—f5:, worauf Schwarz mit d7—d6 ein vortreffliches Spiel erlangt.

3.	. . . . .	Dd8—f6
4.	d2—d4	d7—d6
5.	Se5—c4	f5—e4:
6.	Sb1—c3	c7—c6
7.	Sc3—e4:	Df6—e6
8.	Dd1—e2	d6—d5

9. Sc4—d6† Kc8—d8
10. Se4—g5

Ein interessanter und eleganter Zug.

10. . . . . . De6—e2‡
11. Lf1—e2: Lf8—d6:
12. Sg5—f7† Kd8—e7
13. Sf7—h8: Lc8—e6
14. Le2—d3 Sg8—f6
15. Lc1—g5 Sb8—d7
16. Sh8—g6† h7—g6:
17. Ld3—g6:

Weiss hat Thurm und zwei Bauern für zwei kleine Officiere bei vortrefflicher Stellung, ist demnach etwas im Vortheil.

Mit dem dritten Gegenangriffszug

C) 2. . . . . . **Sg8—f6**

gehen wir über zum

Russischen Springerspiel.

Dasselbe hat seinen Namen daher erhalten, dass es in neuerer Zeit besonders von russischen Meistern geübt worden ist. Namentlich der russische Staatsrath C. F. v. Jänisch, ein berühmter Analytiker, hat sich mit demselben beschäftigt, und nach einem andern Russen, v. Petroff, heisst es auch „das Springerspiel des Petroff“. Diese russische Vertheidigung dürfte sich in der Praxis so gut wie jede andere bewähren, schon deshalb, weil nur ein sehr gewiegter Meister und vollendeter Kenner der Theorie dieser Eröffnung in allen Varianten die richtige Angriffsweise durchzuführen im Stande sein wird.

	Weiss	Schwarz
1.	e2—e4	e7—e5
2.	Sg1—f3	Sg8—f6
3.	Sf3—e5:	

Auch die Züge 3. d2—d4, 3. Sb1—c3, 3. Lf1—c4 kommen in Betracht; da dieselben indessen theils in die italiänische Partie, theils in das mit derselben verwandte, gewöhnliche Läuferspiel einlenken, oder doch ähnlich verlaufen, so wollen wir sie hier übergehen und uns nur an die wirklich russische Partie halten.

3. . . . . . d7—d6!

Die einzig richtige Antwort. Schwach ist 3. . . . ., Sf6—e4:, wegen der folgenden Fortsetzung, die der Schachfreund, da sie öfters vorkommt, wohl merke: 4. Dd1—e2, Dd8—e7 (alle andern Züge taugen nichts), 5. De2—e4:, d7—d6, 6. d2—d4, f7—f6, 7. f2—f4, Sb8—d7!, 8. Sb1—c3, d6—e5:, 9. Sc3—d5, De7—d6, 10. d4—

e5:, f6—e5:, 11. f4—e5:, Dd6 —c6!, 12. Lf1—b5, Dc6—g6, 13. De4—g6:, h7—g6:, 14. Sd5 —c7† etc., oder:

8. . . . . ., f6—e5:, 9. f4—e5:, d6—e5:, 10. Sc3—d5, Sd7 —f6, 11. Lf1—b5†, c7—c6, 12. Sd5—f6†, De7—f6:, 13. d4 —e5:, Df6—f7, 14. Lb5—d3.

In beiden Fällen gewinnt Weiss.

4. Se5—f3

Nun kann Schwarz seinerseits den Bauer nehmen.

4.	. . . . .	Sf6—e4:
5.	d2—d4	d6—d5
6.	Lf1—d3	Sb8—c6!
7.	o—o	Lf8—e7
8.	c2—c4	Lc8—g4

Diese Vertheidigung empfiehlt v. Jaenisch als die beste, indessen sind auch die Züge 8. . . . . ., Se4—f6 und 8. . . . . ., Lc8—e6 gar wohl zu beachten.

9.	Sb1—c3	Se4—c3:
10.	b2—c3:	o—o!
11.	Ta1—b1	

Dies ist die richtige Fortsetzung, in Folge deren Weiss einen ganz geringen Vortheil in der Stellung zu behaupten scheint. Minder gut dürfte der durch v. Jaenisch angewandte Zug 11. Dd1—b3 sein, worauf das Spiel sich ausgleicht durch 11. . . . . ., d5—c4:, 12. Db3—b7:, Lg4—f3:, 13. g2—f3:, Sc6—d4:, 14. Ld3—c4:, Sd4—f5, 15. Lc1—f4, Le7—d6, 16. Lf4—d6:, Sf5—d6:, 17. Db7—c6, Sd6—c4:, 18. Dc6—c4:, Dd8—f6 etc.

11.	. . . . .	d5—c4:
12.	Ld3—c4:	Sc6—a5
13.	Lc4—d3	c7—c6

Weiss hat ein um ein Geringes freieres Spiel, wird jedoch einen entscheidenden Vortheil kaum erlangen können.

Giuoco piano oder italiänische Partie.

Eine Eröffnung, welche zu den gewöhnlicheren gehört und anfänglich meist einen ruhigen Verlauf nimmt, indessen ziemlich variantenreich und durchaus nicht uninteressant ist. Die Anfangszüge sind solche, welche, naheliegend und natürlich, ohne Künsteleien für beide Theile eine gleichmässige Entwickelung herbeiführen. Von Naturspielern, die von der Theorie keinen Begriff haben, werden dieser Spielart ähnliche Eröffnungen daher besonders häufig gewählt.

Weiss	Schwarz
1. e2—e4	e7—e5
2. Sg1—f3	Sb8—c6
3. Lf1—c4	Lf8—c5
4. c2—c3 (V.)	

Weiss kann ausserdem spielen: d2—d3, o—o, Sb1—c3, worauf Schwarz oft ebenso antworten (beziehentlich mit Umstellung der Züge) und bis zu dem Punkte alle Züge des Anziehenden gefahrlos nachmachen kann, wo er sich gezwungen sieht, abzuweichen, um einen directen Verlust zu vermeiden. Ausserdem kann Weiss spielen: 4. d2—d4, womit er ein Mittel-Gambit giebt. Diesen Zug wollen wir besonders betrachten.

4. . . . . . Sg8—f6

Auch d7—d6 kann geschehen.

5. d2—d4 *) e5—d4:
6. c3—d4: Lc5—b4†
7. Lc1—d2 Lb4—d2†
8. Sb1—d2: d7—d5! a)
9. e4—d5: Sf6—d5:

Dieselbe Variante kann sich aus dem schottischen Gambit bilden.

10. Dd1—b3

Hier kann auch rochirt werden.

10. . . . . . Sc6—e7
11. o—o o—o
12. Tf1—e1 c7—c6
13. Sf3—e5 f7—f6
14. Se5—d3 Kg8—h8
15. Sd3—c5 Dd8—d6
16. Lc4—d5: Se7—d5:

Das Spiel steht gleich.

a) 8. . . . . . Sf6—e4:

Obgleich hierdurch noch ein Officier mehr abgetauscht wird, ist diese Fortsetzung doch weniger günstig für Schwarz, als die vorhergehende. Je mehr Officiere abgetauscht werden, um so mehr vereinfacht sich das Spiel; man hüte sich aber wohl, einen Tausch herbeizuführen, sobald der geringste Nachtheil, der sonst vermieden werden könnte, daraus entsteht. Der Gegner wird nicht säumen, seinerseits die Gelegenheit zu ergreifen, und, w e n n e i n G e w i n n, s e i e r a u c h g e r i n g, s e i e s e i n B a u e r o d e r s e l b s t n u r d i e b e s s e r e P o s i t i o n, für ihn daraus erwächst, die Damen und möglichst viele Steine ausserdem abtauschen. Dieses Princip ist auch ganz richtig, während d u r c h a u s f a l s c h die Ansicht ist, man solle den Abtausch, besonders der Damen, vermeiden, weil dadurch das Spiel uninteressant werde.

9. Sd2—e4: d7—d5
10. Lc4—d3 d5—e4:
11. Ld3—e4:

Weiss ist etwas besser entwickelt.

Variante.

4. d2—d4 Lc5—d4:

Bei e5—d4: kann mittelst c2—c3 in die Hauptvariante eingelenkt werden.

*) Auch b2—b4 nebst a2—a4 und d2—d3 kann geschehen; vergl. das „abgelehnte Evans-Gambit".

5. Sf3—d4: Sc6—d4:
6. o—o Sg8—f6
7. f2—f4 d7—d6
8. f4—e5: d6—e5:
9. Lc1—g5 Lc8—e6
10. Sb1—a3!

Nicht so gut ist die Fortsetzung 10. Lc4—e6:, Sd4—e6:, 11. Dd1—d8‡, Ta8—d8:, 12. Lg5—f6:, g7—f6:, 13. Tf1—f6:, Ke8—e7 etc.

Auf den von uns hier angegebenen Springerzug scheint Weiss das bessere Spiel zu behaupten.

Schottisches Gambit.

Diese Eröffnung hat ihren Namen von einer Reihe von Correspondenz-Partieen, welche in den zwanziger Jahren unseres Jahrhunderts zwischen dem Londoner und dem Edinburger Schachclub ausgefochten wurden. Sie kann als eine der geistreichsten und vielseitigsten bezeichnet werden.

Weiss	Schwarz
1. e2—e4	e7—e5
2. Sg1—f3	Sb8—c8
3. d2—d4	e5—d4:

Weniger gut ist Sc6—d4:, worauf Weiss am Besten mit 4. Sf3—d4: fortfährt. Nach e5—d4: bieten sich dem Anziehenden die beiden guten Fortsetzungen 4. Lf1—c4 (Schottisches Gambit) und 4. Sf3—d4: (Schottische Partie), die wir unter I. u. II. betrachten wollen.

I.

4. Lf1—c4 Lf8—c5 (V.)
5. c2—c3 a)

Auf 5. o—o antwortet Schwarz vortrefflich mit 5. . . . . ., d7—d6, nebst darauf folgendem Lc8—g4. Die Rochade ist nicht günstig für Weiss. Mit dem Zuge c2—c3 lenkt Weiss in eine Hauptvariante des giuoco piano, nämlich: 5. c2—c3, Sg8—f6! 6. c3—d4:, Lc5—b4†, 7. Lc1—d2, Lb4—d2‡, 8. Sb1—d2:, d7—d5, 9. e4—d5:, Sf6—d5: ein, die wir auf S. 65 bereits behandelt haben. Dieselbe stellt das Spiel für Schwarz mindestens gleich, woraus hervorgeht, dass die eigentlichen Vortheile des schottischen Gambits in der Verführung zu minder guten Zügen beruhen, welche ausser der sichern Vertheidigung Lf8—c5 sich darbieten.

5. . . . . . d4—d3

Dieser Zug giebt zwar den Bauer auf, da jedoch auf c3 nun ein weisser Bauer steht, der den Springer verhindert, dieses Feld einzunehmen, so ist das Preisgeben vortheilhaft. Nimmt Schwarz mit 5. . . . . ., d4—c3:, so kann folgen 6. Lc4—f7‡, Ke8—f7:, 7. Dd1—d5†, Kf7—f8!,

8. Dd5—c5†, d7—d6, 9. Dc5—c3:, Dd8—f6. Weiss steht nur unbeträchtlich besser.

6.	b2—b4	Lc5—b6
7.	Dd1—b3	Dd8—f6
8.	o—o	d7—d6
9.	Lc4—d3:	Lc8—e6
10.	Db3—c2	h7—h6

Das Spiel steht gleich.

a) 5.	Sf3—g5	Sg8—h6
6.	Sg5—f7:	Sh6—f7:
7.	Lc4—f7†	Ke8—f7:
8.	Dd1—h5†	g7—g6
9.	Dh5—c5:	d7—d6
10.	Dc5—b5	Th8—e8
11.	o—o!	Te8—e4:
12.	Db5—d5†	Te4—e6
13.	Lc1—g5	Dd8—e8
14.	Sb1—d2	d7—d6

Das Spiel steht gleich.

Variante:

4. . . . . . Lf8—b4†

Dieser Zug leitet die sogenannte compromittirte Vertheidigung*) des schottischen Gambits ein, welche höchst schwierig, ja nach Ansicht der bedeutendsten Analytiker unzureichend ist.

5. c2—c3

Weiss opfert mehrere Bauern, bekommt in Folge dessen aber alle Officiere frei.

5. . . . . . d4—c3:

6. o—o c3—b2:

Wenn Schwarz sich mit einem Bauern begnügt und andere Züge (d7—d6, oder Dd8—f6 oder c3—c2) wählt, so wird für ihn natürlich die Entwicklung verhältnissmässig leichter und die Vertheidigung nicht so ungemein mühsam, wie nach dem Zug im Text.

7. Lc1—b2: Ke8—f8

Andere Gegenzüge sind 7. . . . . ., f7—f6, worauf Weiss den Angriff mit 8. e4—e5 oder 8. Dd1—b3 fortsetzen, 7. . . . ., Sg8—f6, worauf 8. Sf3—g5, 7. . . . . ., Lb4—f8, worauf 8. e4—e5 folgen kann. Alle diese Züge sind schlechter als Ke8—f8.

8.	e4—e5	Dd8—e7
9.	a2—a3	Lb4—c5
10.	Sb1—c3	d7—d6
11.	Sc3—d5	De7—d7
12.	Tf1—e1	d6—e5:
13.	Lb2—e5:	Sc6—e5:
14.	Sf3—e5:	Dd7—d8
15.	Sc5—f7: und gewinnt.	

Wir bemerken zu dieser interessanten Spielart, dass Angriff wie Vertheidigung gleich schwierig sind. Dasselbe ist der Fall mit anderen Eröffnungen, in denen Weiss in ähnlicher Weise mehrere Bauern opfert, um eine vortheilhafte Stellung zu erlangen; wir heben besonders das compromittirte Evans-Gambit hervor (s. daselbst). Gerade bei solchen Spielweisen sieht sich

*) So genannt nach Labourdonnais, welcher zuerst behauptete, dass die schwarze Partei durch den Gewinn des zweiten Bauern (6. Zug) ihr Spiel compromittire, d. h. verderbe.

der Schachfreund häufig rathlos, denn es ist mitunter unendlich schwer, die geeignete Fortsetzung zu entdecken. Da giebt es nur ein einziges Mittel, um allmählich mit Energie und Sicherheit in entscheidenden Momenten die richtigen Züge zu treffen, nämlich: Uebung, Uebung und Geduld. Nirgends mehr als im Schachspiel ist das alte Sprichwort am Platze: Uebung macht den Meister!

II.

4.	Sf3—d4:	Lf8—c5 (V.)
5.	Sd4—c6:	Dd8—f6
6.	Dd1—f3	Df6—f3:
7.	g2—f3:	b7—c6:
8.	Lc1—f4	d7—d6
9.	Lf1—c4	Lc8—e6
10.	Sb1—b2	

Variante:

4. . . . . . . Dd8—h4

Auch 4. . . . . ., Sg8—f6 gewährt eine gute Vertheidigung

5. Sd4—b5 Dh4—e4†
6. Lf1—e2 Kc8—d8

Weiss hat einen Bauer geopfert, um ein gutes Angriffsspiel zu erlangen. Hinsichtlich der weitern Folge vergleiche man unter den Partieen die Correspondenzpartie zwischen Wien und London.

Zweispringerspiel im Nachzuge.

Der verstorbene Paul Rudolph v. Bilguer, der Verfasser des classischen, in der ganzen Welt verbreiteten Handbuchs des Schachspiels, dessen Neubearbeitungen (die letzte, fünfte, erschien 1874) von dem um Geschichte, Theorie und Praxis des Schachspieles gleich hochverdienten Meister v. Heydebrand und der Lasa*), herausgegeben worden sind, hat diese Eröffnung zum Gegenstand höchst gründlicher Untersuchungen gemacht. Wir geben die zwei hauptsächlichsten Varianten hier wieder.

	Weiss	Schwarz
1.	e2—e4	e7—e5
2.	Sg1—f3	Sb8—c6
3.	Lf1—c4	**Sg8—f6**
4.	Sf3—g5	

Auch die Züge d2—d4 (Mittel-Gambit im Zweispringerspiel), o—o und Sb1—c3 können hier geschehen.

*) Zur Zeit Gesandter des Deutschen Reiches in Copenhagen.

4. ...... d7—d5
5. e4—d5: Sf6—d5: (V.)

Hier bietet sich dem Anziehenden Gelegenheit, durch Opfer eines Springers einen sehr starken Angriff zu erlangen, gegen den Schwarz sich nur mit grosser Mühe vertheidigen kann. Im ungünstigsten Falle behält Weiss 3 Bauern für den geopferten Springer, wie Variante A) zeigt.

6. Sg5—f7: Ke8—f7:
7. Dd1—f3† Kf7—e6
8. Sb1—c3 Sc6—e7

Vertheidigt Schwarz sich mit Sc6—b4, so gelangt Weiss wie folgt in entscheidenden Vortheil: 9. Df3—e4, c7—c6, 10. a2—a3, Sb4—a6, 11. d2—d4, Dd8—d6, 12. Le1—f4, b7—b5, 13. Lf4—e5:, Dd6—d7, 14. Le5—g7‡, Ke6—f7, 15. Lg7—h8:, b5—c4:, 16. De4—h7‡ etc.

9. d2—d4 c7—c6 A)

Geschieht h7—h6, so folgt zunächst die Rochade.

10. Lc1—g5 e5—d4: a)
11. o—o—o d4—c3:
12. Th1—e1† Ke6—d6
13. Lc4—d5: c3—b2‡
14. Kc1—b1 c6—d5:

Der weisse König nimmt den Bauer nicht. Häufig schützt ein feindlicher Bauer den König vortrefflich.

15. Lg5—e7‡ Lf8—e7:
16. Td1—d5‡ Kd6—c7
17. Df3—c3† K beliebig
18. Td5—d8: Le7—d8:
19. Dc3—g7: und gewinnt.

a) 10. ..... Ke6—d7

Auf h7—h6 setzt Weiss den Angriff mit 11. Lg5—e7:, Lf8—e7:, 12. o—o—o, Th8—f8, 13. Df3—e4 etc. fort.

11. d4—e5: Kd7—e8
12. o—o—o Lc8—e6
13. Sc3—d5: Le6—d5:
14. Td1—d5: c6—d5:
15. Lc4—b5† Dd8—d7
16. Lb5—d7‡ Ke8—d7:
17. Lg5—e7:, Lf8—e7:
18. Df3—d5‡ etc. und Weiss gewinnt.

A) 9. ..... b7—b5

Schwarz opfert diesen Bauer, um ein, allerdings wichtiges Tempo zur Deckung des schwachen Punktes d5 zu gewinnen. Diese Vertheidigungsart ist noch die sicherste.

10. Sc3—b5: c7—c6
11. Sb5—c3 e5—d4:
12. Sc3—e4 Dd8—a5†

Zieht Schwarz h7—h6, so kann die Fortsetzung sein: 13. o—o, Ke6—d7, 14. c2—c3, d4—c3:, 15. b2—c3:, Kd7—e8, 16. Tf1—e1 und Weiss steht ausgezeichnet.

13. Lc1—d2 Da5—b6
14. o—o Lc8—b7
15. Tf1—e1 Ke6—d7
16. Df3—f7 c6—c5
17. c2—c3 Db6—g6
18. Se4—c5‡ Kd7—c8
19. Lc4—d5: Lb7—d5:

20. Df7—g6: h7—g6:
21. c3—d4:
Weiss steht vortrefflich.

Variante:

Wenn, wie wir gesehen haben, die Vertheidigung 5. Sf6—d5: in Folge des eleganten Springeropfers sich für Schwarz ungünstig erweist, so gewährt dagegen ein anderer Zug dem Nachziehenden nicht nur ein gutes Spiel, sondern verschafft ihm in vielen Fällen sogar den Angriff. Es ist dies der Zug:

5. ..... **Sc6—a5**
6. d2—d3

Das Beste, was Weiss thun kann. Die Variante 6. ....., Lc4—b5†, welche höchst interessante Verwickelungen zur Folge hat, wollen wir später betrachten.

6. ..... h7—h6 a)
7. Sg5—f3 e5—e4
8. Dd1—e2 Sa5—c4:
9. d3—c4: Lf8—c5
10. h2—h3 o—o
11. Sf3—h2 b7—b5

Um die weissen Bauern zu sprengen.

12. Sb1—c3 b5—c4:
13. De2—c4: Dd8—d6
14. Sc3—a4 Lc5—b6
15. Sa4—b6: a7—b6:
16. Dc4—c6 Dd6—d5:
17. Dc6—d5:! Sf6—d5:

Das Spiel steht gleich.

a) 6. ..... Lf8—c5
7. o—o o—o
8. c2—c3 h7—h6
9. b2—b4

Auf Sg5—f3 folgt e5—e4 mit gutem Spiel für Schwarz.

9. ..... h6—g5:
10. b4—c5: Sf6—d5:
11. Lc1—g5: f7—f6
13. Lc4—d5‡ Dd8—d5:
13. Lg5—e3 Lc8—f5

Das Spiel steht gleich.

Variante:

6. Lc4—b5† c7—c6

Schwarz giebt einen Bauer, um den Angriff zu erlangen.

7. d5—c6: b7—c6:
8. Lb5—e2 a)

Geht dei Läufer nach a4 zurück, so kann folgen:

8. ....., h7—h6, 9. Sg5—f3, e5—e4, 10. Dd1—e2, Lf8—c5, 11. o—o, o—o, 12. Sf3—e1, Lc8—g4, 13. De2—a6, Lg4—c8, 14. Da6—e2, Dd8—b6 mit gutem Angriffsspiel für Schwarz.

8. ..... h7—h6
9. Sg5—f3 e5—e4
10. Sf3—e5 Dd8—d4

Auch der Zug Lf8—d6 nebst späterem Dd8—c7 gewährt dem Nachziehenden ein vorzügliches Angriffsspiel, ja scheint dem Zug Dd8—d4 vorzuziehen zu sein.

11. f2—f4 Lf8—c5
12. Th1—f1 Lc5—d6

Es droht c2—c3 nebst der Gabel b2—b4, daher muss der Läufer zurück.

13. c2—c3 Dd4—b6

14. Dd1—a4	Lc8—d7
15. Se5—d7:	Ke8—d7:

Man kann nicht sagen, dass eine Partei besser stehe. Weiss hat einen Bauer mehr, aber Schwarz ist besser entwickelt.

a) 8. Dd1—f3

Auch dieser Zug gestaltet das weisse Spiel nicht eben günstig.

8.	Dd8—b6
9. Lb5—a4	Lc8—g4
10. Df3—g3	h7—h6
11. Sg5—f3	0—0—0
12. Sb1—c3	e5—e4
13. Sf3—e5	Lf8—d6
14. h2—h3	Lg4—f5

Weiss steht sehr beengt.

Spanische Partie oder Springerspiel des Ruy Lopez.

Eine gute und sichere Eröffnung, die ihres nachhaltigen, indessen häufig überschätzten Angriffes halber in der Neuzeit namentlich in Match- und Turnierpartieen, also in hartnäckigen Spielen, zur Anwendung gelangt ist. A. Anderssen*), der Vorkämpfer Deutschlands auf fast allen grösseren Schachcongressen seit den vierziger Jahren, Louis Paulsen**), sein oftmaliger zäher Gegner, G. R. Neumann, Dr. M. Lange, einer der bedeutendsten Schachschriftsteller und stärksten Spieler, und viele andere berühmte Schachmeister haben die spanische Partie mit Vorliebe gepflegt.

Weiss	Schwarz
1. e2—e4	e7—e5
2. Sg1—f3	Sb8—c6
3. **Lf1—b5**	

Dieser Zug greift, wie leicht ersichtlich, indirect den schwarzen Königsbauer an und dient gleichzeitig zur Fesselung des schwarzen Springers, sobald der Damenbauer gezogen wird. Schwarz hat viele Vertheidigungsarten: a) a7—a6!, b) Sg8—f6!, c) d7—d6, d) Lf8—c5, e) f7—f5, f) Lf8—d6, g) Sg8—e7, h) Sc6—d4, von denen wir die drei ersten betrachten wollen. Auf d) Lf8—c5 geschieht 4. c2—c3 mit nachfolgendem 5. d2—d4; auf e) f7—f5 zunächst 4. e4—f5:; auf f) Lf8—d6, welcher Zug schon naturgemäss nicht eben gut aussieht, folgt ebenfalls

*) Professor der Mathematik und deutschen Sprache am Friedrichsgymnasium zu Breslau.

**) Kaufmann in Blomberg, Lippe-Detmold. Sein Bruder Wilfried, ebenfalls ein bedeutender Schachkämpe, ist Gutsbesitzer auf Nassengrund bei Blomberg.

4. c2—c3 (ja nicht aber 4. Lb5—c6:, d7—c6:!); g) Sg8—e7: und h) Sc6—d4 sind beachtenswerthe Gegenzüge, haben jedoch ein etwas beengtes Spiel für Schwarz zur Folge.

a) 3. . . . . . a7—a6!
4. Lb5—a4

Auch Lb5—c6:, d7—c6:, 5. d2—d4, e5—d4:, 6. Dd1—d4:, Lc8—g4!, 7. Dd4—d8‡, Ta8—d8:, 8. Lc1—f4 giebt für Weiss ein gutes Spiel.

4. . . . . . Sg8—f6
5. o—o A) Sf6—e4:
6. d2—d4 b7—b5
7. La4—b3 d7—d5
8. Sf3—e5:

Auch d4—e5: kann geschehen.

8. . . . . . Sc6—e5:
9. d4—e5: Lc8—b7

Es ist fraglich, ob hier Lc8—e6 den Vorzug verdient.

10. Lc1—e3 Lf8—e7
11. Sb1—d2 Se4—d2:
12. Dd1—d2: o—o
13. f2—f4 f7—f6
14. c2—c3

Dieser letztere Zug darf in dieser Variante im richtigen Moment nie verabsäumt werden, da er zur Abwehr gegen die drohenden schwarzen Damenbauern und zur Freimachung des weissen Königsläufers wichtig ist. Das Spiel ist ausgeglichen.

A) 5. d2—d3

Hiermit, meint Anderssen, lässt sich der Angriff am nachhaltigsten festhalten.

5. . . . . . Lf8—c5
6. c2—c3 b7—b5
7. La4—b3 d7—d5
8. e4—d5: Sf6—d5:
9. Sf3—e5: Lc5—f2‡

Auf Sc6—e5: folgt Gabel.

10. Ke1—f2: Sc6—e5:
11. Th1—e1 Dd8—f6+
12. Dd1—f3 o—o
13. Df3—f6: Se5—d3‡

Schwarz steht günstig.

b) 3. . . . . . Sg8—f6!
4. o—o Sf6—e4:

Auch die Fortsetzungen 4. d2—d4, worauf am Besten Sf6—e4:, und 4. d2—d3, worauf vortrefflich d7—d6 oder Lf8—c5 geschehen kann, kommen in Betracht. Ferner 4. Dd1—e2 mit dem Gegenzuge a7—a6 (5. Lb5—a4, b7—b5, 6. La4—b3, Lf8—c5).

5. d2—d4 Lf8—e7
6. Dd1—e2 Se4—d6
7. Lb5—c6: b7—c6:

Besser als d7—c6:

8. d4—e5: Sd6—b7
9. Lc1—e3 o—o
10. Tf1—d1

Um d7—d5 zu hindern, denn darauf würde nun 11. De2—a6, c6—c5, 12. Da6—c6, d5—d4, 13. c2—c3 folgen.

10. . . . . . Dd8—e8!
11. Sb1—c3 Sb7—d8
12. Sf3—d4 f7—f5
13. f2—f4 c6—c5

14. Sd4—b5 Sd8—e6
15. Sc3—d5 Le7—d8
16. c2—c4 a7—a6

Die Stellung ist verwickelt und schwierig und sieht nach Remis aus.

c) 3. . . . . . d7—d6
4. Lb5—c6† b7—c6:
5. d2—d4 e5—d4:
6. Dd1—d4: c6—c5
7. Dd4—d3 Lf8—e7
8. Sb1—c3 Sg8—f6
9. o—o o—o

Weiss hat ein etwas freieres Spiel.

Evans-Gambit.

Weiss	Schwarz
1. e2—e4	e7—e5
2. Sg1—f3	Sb8—c6
3. Lf1—c4	Lf8—c5
4. b2—b4	

Dieses Bauernopfer-Angebot rührt von dem Capitain der englischen Kriegsmarine, W. D. Evans, her und bildet wohl die interessanteste Fortsetzung nach den obigen 3 Zügen und die Einleitung zu einem höchst lebhaften, variantenreichen und nachhaltigen Angriff. Die geistreichsten, glänzendsten Partieen sind vielleicht in dieser Eröffnung gespielt worden. Anderssen, Steinitz*), Neumann, Ignaz Kolisch**), J. H. Zukertort, Emil Schallopp und viele andere hervorragende Kämpen zählt dieses anziehende Gambit zu seinen speciellen Verehrern.

4. . . . . . Lc5—b4:

Auf 4. . . . . ., Sc6—b4: folgt ebenfalls 5. c2—c3, da auf 5. Sf3—e5: der Zug Dd8—f6 für Schwarz entscheidet.

Schwarz kann jedoch das Opfer mit Lc5—b6 ausschlagen, welche Abweichung wir unter „Abgelehntes Evans-Gambit“ behandeln.

5. c2—c3 Lb4—c5 (V.)
6. o—o d7—d6
7. d2—d4 e5—d4:
8. c3—d4: Lc5—b6

Mit diesen Zügen, die für beide Theile als die besten gelten, sind wir angelangt bei der

*) J. H. Steinitz, ein Oesterreicher, aber seit Jahren in London naturalisirt, einer der stärksten Spieler der Gegenwart.

**) Ebenfalls ein Stern erster Grösse am Schachhimmel. Kolisch ist ein geborener Ungar und lebt abwechselnd in Wien und Paris. Die Schachwelt verdankt ihm viel; namentlich ist seine Thätigkeit auf den grossen Congressen zu Paris, Baden-Baden und Wien rühmend hervorzuheben.

sogenannten Normalposition des Evans-Gambits, welche wir ausnahmsweise durch ein Diagramm veranschaulichen wollen.

Weiss kann den Angriff nun auf folgende Arten fortsetzen: a) Sb1—c3, b) d4—d5, c) Lc1—b2, d) h2—h3, e) a2—a4, von denen wir jedoch nur die beiden ersten, als die stärksten, die in der Hauptsache übrigens gewöhnlich zusammenlaufen, erläutern wollen. c) Lc1—b2 lenkt später häufig in eine der beiden ersten Varianten ein.

a) 9. Sb1—c3 Sc6—a5!

Dies gilt für die beste Vertheidigung. Berücksichtigung verdient auch 9. . . . . ., Lc8—g4, worauf Weiss die Attaque mit 10. Lc4—b5 oder 10. Dd1—a4, Lg4—f3:, 11. d4—d5, Lf3—g4, 12. d5—c6:, b7—c6:, 13. e4—e5 etc. fortsetzen kann. Andere Züge von Schwarz taugen nichts.

10. Lc4—d3

Auch 10. Lc1—g5, f7—f6, 11. Lg5—h4, Sa5—c4:, 12. Dd1—a4†, Dd8—d7, 13. Da4—c4: kommt in Betracht.

10. . . . . . Sg8—e7

11. d4—d5 o—o

12. Lc1—b2 c7—c5

Der Zug 12. . . . . ., c7—c6 ist nicht zu verwerfen.

13. Sc3—e2 Se7—g6

14. Dd1—d2 f7—f6

Hier kann auch Ta8—b8 oder Lb6—c7 gezogen werden, da indessen der Zug f7—f6 später doch geschehen muss, so thut man ihn besser gleich und wartet mit den übrigen Zügen.

15. Kg1—h1

sonst könnte Schwarz sein Spiel mit Sg6—e5 sicher stellen.

15. . . . . . Lb6—c7

16. Ta1—c1 Ta8—b8

17. Se2—g3 b7—b5

Auch 17. Sf3—g1 nebst f2—f4 ist empfehlenswerth.

18. Sg3—f5 c5—c4

19. Ld3—b1

Ld3—e2 ist ebenfalls gut.

19. . . . . . b5—b4

Während Weiss auf dem Königsflügel einen höchst gefährlichen Angriff vorbereitet, versucht Schwarz mit den Damenbauern einen Gegenangriff zu machen. Diese Bauern werden, wenn es gelingt, den Angriff abzuschlagen, gewöhnlich dann überwiegend.

20. Lb2—d4 c4—c3

21. Dd2—d1! Lc7—b6

In dieser Stellung scheint Weiss mit g2—g4 und Tf1—g1 allmählich in Vortheil zu gelangen. Angriff und Vertheidigung sind gleich schwierig zu leiten.

b) 9. d4—d5 Sc6—a5

Besser als Sc6—e7 oder e5.

10. Le1—b2 Sg8—e7

11. Lc4—d3!

Zieht Weiss 11. Lb2—g7:, so kann die folgende schöne, von Louis Paulsen entdeckte Wendung Schwarz zum Siege führen:

11. Lb2—g7:, Th8—g8, 11. Lg7—f6, Sa5—c4:, 12. Dd1—a4†, Dd8—d7, 13. Da4—c4:, Tg7—g2‡, 14. Kg1—g2:, Dd7—g4†, 15. Kg2—h1, Dg4—f3‡, 16. Kh1—g1, Lc8—h3 nebst Mat.

11. ..... 0—0

12. Sb1—c3 c7—c5

Dieselbe Stellung wie in der vorhergehenden a) Variante.

Variante:

5. ..... Lb4—a5

6. d2—d4 e5—d4:

7. 0—0

Schwarz kann nun mit 7. ...., d7—d6, 8. c3—d4:, La5—b6 zur Normalposition, oder aber mit 7. d4—c3: übergehen zum sogenannten

Compromittirten Evans-Gambit*).

	Weiss	Schwarz
1.	e2—e4	e7—e5
2.	Sg1—f3	Sb8—c6
3.	Lf1—c4	Lf8—c5
4.	b2—b4	Lc5—b4:
5.	c2—c3	Lb4—a5
6.	d2—d4	e5—d4:
7.	0—0	d4—c3:

Man hält diese Vertheidigung in Folge eines neuerdings gefundenen Gegen-Gambits durch b7—b5, welches nach einer Reihe von Zügen erfolgt, für sicherer, als die normale.

8. Dd1—b3 Dd8—f6

Besser als Dd8—e7.

9. e4—e5 Df6—g6

10. Sb1—c3:

Früher spielte man nun für Schwarz hier La5—c3:, worauf Weiss mit: 11. Da5—c3:, Sg8—e7, 12. Sf3—g5, 0—0, 13. Lc4 d3 etc. in Vortheil gelangt. Besser ist jedoch:

10.	.....	Sg8—e7
11.	Sc3—e2	**b7—b5!**
12.	Lc4—b5:[a]	Ta8—b8
13.	Db3—a4	a7—a6
14.	Lb5—c6:	Se7—c6:
15.	Lc1—a3	Tb8—b5
16.	Se2—d4	Sc6—d4:
17.	Da4—d4:	La5—b6
18.	Dd4—c3	Lc8—b7

Schwarz steht günstig.

---

*) Vergl. die Bemerkung S. 67 zum schottischen Gambit 15. Zug.

a) 12. Lc4—d3

Dies hält man für besser als Lc4—b5:.

12. ..... Dg6—e6

13. Db3—b2

Minder gut erscheint Db2—b5:

13. ..... Se7—g6

14. Se2—f4

Diesen Zug hält Altmeister Anderssen für die geeignetste Fortsetzung des Angriffs, de[r] dann zum Remis führe. Ob da[s] Letztere indessen der Fall ist lassen wir dahingestellt.

14. ..... Sg6—f4:
15. Lc1—f4: a7—a6!
16. Ta1—c1 Lc8—b7
17 Tf1—d1 La5—b6
18. Lf4—g3 o—o—o

Auch in dieser Position schein[t] der Nachziehende das Spiel mindestens behaupten zu können.

Abgelehntes Evans-Gambit.

Der höchst schwierigen Vertheidigung halber empfiehlt es sich, dem Evans-Gambit auszuweichen und dasselbe mit 4. ...., Lc5—b6 abzulehnen. Auch hieraus entstehen interessante Verwickelungen; Weiss kann den Angriff entweder fortsetzen mit a) 5. b4—b5 oder b) 5. o—o, oder mit a2—a4 nebst c2—c3 und d2—d3 in eine Variante des giuoco piano einlenken. Die letztere sei gleich hier kurz erwähnt:

4. ..... Lc5—b6
5. a2—a4 a7—a6!
6. c2—c3 d7—d6
7. Dd1—b3 Dd8—e7
8. d2—d3 Sg8—f6
9. Lc1—g5 h7—h6
10. Lg5—h4 Sc6—d8
11. Sb1—d2 g7—g5
12. Lh4—g3 Sf6—h5
13. h2—h3 De7—f6
14. o—o—o Sd8—e6
15. Sf3—h2 Sh5—f4
16. Sh2—g4 Df6—g7

Das Spiel steht gleich.

Auf die Fortsetzung des Angriffs durch:

a) 5. b4—b5

hat Schwarz nach:

5. ..... Sc6—a5
6. Sf3—e5

drei Vertheidigungen, nämlich: Dd8—f6, Dd8—g5 und Sg8—h6, von denen jedoch die erstere nicht besonders gut ist. Die beiden andern wollen wir unter A) und B) betrachten.

A) 6. ..... Dd8—g5

Angegeben von Hermann Hirschbach*).

---

*) Hirschbach gründete die erste schachliche Fachzeitschrift in

7. Lc4—f7‡

Auch die Züge Se5—f7:, Dd1—f3 und d2—d4 kommen für Weiss in Betracht, sind jedoch ebenfalls leicht zu pariren (Se5—f7: und d2—d4 mit Dg5—g2:; Dd1—f3 mit Dg5—e5:).

7. . . . . . Ke8—f8
8. Lf7—g8: Dg5—e5:
9. Lg8—d5 c7—c6

Den Thurm darf Schwarz nicht schlagen, da dann Sb1—c3 mit entscheidendem Angriff folgt.

10. Dd1—f3† Kf8—e8
11. Df3—f7† Ke8—d8
12. b5—c6: b7—c6:
13. d2—d4 Lb6—d4:
14. Lc1—f4 De5—f6,
15. Df7—f6‡, Ld4—f6,:
16. e4—e5, Th8—e8
17. Ld5—f7 Te8—e7
18. o—o Lf6—e5:
19. Lf4—e5: Te7—e5:

Schwarz steht etwas besser.

B) 6. . . . . . Sg8—h6

Empfohlen von M. Lange.

7. d2—d4 d7—d6
8. Lc1—h6: d6—e5:

Auch 8. Lc1—h6:, g7—h6:, 9. Se5—f7:, Dd8—f6, 10. Sf7—h8:, Sa5—c4:, 11. c2—c3, Lc8—e6, 12. Dd1—f3 führt zum Ausgleich.

9. Lh6—g7: Dd8—d4:
10. Dd1—d4: Lb6—d4:
11. Lg7—h8: Ld4—a1:
12. Lc4—d3 Ke8—e7
13. Lh8—g7 Lc8—e6
14. g2—g3 Le6—a2:
15. Ke1—e2

Das Spiel steht gleich.

b) 5. o—o d7—d6
6. a2—a4 a7—a6
7. a4—a5 Lb6—a7
8. b4—b5 a6—b5:
9. Lc4—b5: Sg8—e7
10. d2—d4 e5—d4:
11. Sf3—d4: Lc8—d7
12. Sd4—c6: Se7—c6:
13. Lb5—c6: Ld7—c6:
14. Lc1—b2 o—o
15. Dd1—g4 f7—f6
16. Sb1—d2 Dd8—e7
17. Tf1—e1 Df7—f7
18. c2—c4 Df7—g6
19. Dg4—g6: h7—g6:

Das Spiel steht gleich.

Englische Partie.

Diese Eröffnung war früher, wie schon der Name zeigt, besonders in England üblich und gewährt ein gutes Spiel, aber nicht eben einen lebhaften Angriff. Es giebt mehrere sichere Vertheidigungen. Wir beschränken uns darauf, dieselben kurz anzugeben.

Deutschland, die „Deutsche Schachzeitung", welche von 1846—1848 erschien, dann aber einging. Derselbe lebt jetzt in Gohlis bei Leipzig.

	Weiss	Schwarz
1.	e2—e4	e7—e5
2.	Sg1—f3	Sb8—c6
3.	c2—c3	

Die Züge a) Sg8—f6, b) d7—d5, c) f7—f5 und d) d7—d6 gewähren ein gutes Gegenspiel.

a) 3.	.....	Sg8—f6
4.	d2—d4	Sf6—e4:
5.	d4—e5:	Lf8—c5
6.	Dd1—d5	Lc5—f2†
7.	Ke1—e2	f7—f5
8.	Sd1—d2	Sc6—e7
9.	Dd5—b3	d7—d5
10.	e5—d6:	Dd8—d6:

Schwarz steht günstig.

b) 3.	.....	d7—d5
4.	Lf1—b5	d5—e4:
5.	Sf3—e5:	Dd8—d5
6.	Dd1—a4	Lc8—d7
7.	Se5—d7:	Ke8—d7:

ferner:

c) 3.	.....	f7—f5
4.	d2—d4	d7—d6
5.	d4—e5:	f5—e4:
6.	Sf3—g5	d6—d5
7.	e5—e6	Sg8—h6
8.	Lf1—b5	Dd8—d6
9.	c3—c4	d5—c4:
10.	Lb5—c4:	Dd6—d1†
11.	Ke1—d1:	Sc6—d8

Das Spiel steht gleich.

d) 3.	.....	d7—d6
4.	Lf1—b5	Lc8—d7
5.	d2—d4	Sg8—f6
6.	d4—d5	Sc6—e7
7.	Lb5—d3	Se7—g6

Schwarz steht günstig.

Hiermit haben wir die vielen interessanten Spielarten, welche aus dem Königsspringerspiel und namentlich aus dem Gegenzuge Sb8—c6 entstehen können, in der Hauptsache vorgeführt.

II. Das Läuferspiel.

	Weiss	Schwarz
1.	e2—e4	e7—e5
2.	**Lf1—c4**	

Von diesem Zuge hat das Königsläuferspiel seinen Namen.

Schwarz hat verschiedene Antworten, von denen namentlich a) Lf8—c5 und b) Sg8—f6! hervorzuheben sind; letztere gilt als der beste Gegenzug. Schwächer, als die beiden genannten, sind die Züge c7—c6, worauf Weiss durch 3. Dd1—e2!, Sg8—f6, 4. f2—f4 etc. eine ausgezeichnete Entwicklung erlangt, und das Gambit in der Rückhand f7—f5, welches am Besten mit 3. d2—d3, Sg8—f6, 4. f2—f4! erwidert wird.

a) 2.	.....	Lf8—c5
3.	c2—c3	

Sogenannter classischer Angriff im Läuferspiel.

3. . . . . . d7—d5 (A, B)
4. Lc4—d5:

Auf e4—d5: geschieht Lc5—f2ǂ nebst Dd8—h4† und Dh4—c4:.

4. . . . . . Sg8—f6
5. Dd1—f3!.

Gilt für die einzig richtige Fortsetzung.

5. . . . . . o—o
6. d2—d4 e5—d4:
7. Lc1—g5 d4—c3:
8. Lg5—f6: c3—c2
9. Sb1—c3 Dd8—f6:
10. Df3—f6: g7—f6:
11. Sg1—f3 c7—c6
12. Ld5—b3 f6—f5
13. e4—e5 Lc8—e6

Das Spiel steht gleich.

A) 3. . . . . . Sg8—f6
4. d2—d4 e5—d4:
5. e4—e5! d7—d5!

Von beiden Seiten die besten Züge.

6. Lc4—b5† Lc8—d7
7. Lb5—d7ǂ Sf6—d7:
8. c3—d4: Lc5—b4†
9. Sb1—c3 o—o
10. Sg1—e2! c7—c5
11. d4—c5: Sd7—c5:
12. o—o Lb4—c3:
13. Se2—c3: d5—d4
14. Sc3—e2 Sb8—c6

Schwarz steht etwas besser.

B) 3. . . . . . Dd8—g5
4. Dd1—f3

Auch der Zug Ke1—f1 ist gut, dagegen nicht empfehlenswerth d2—d4, wegen 4. . . . . ., Dg5—g2:, 5. Dd1—f3, Dg2—f3:, 6. Sg1—f3:, e5—d4:, 7. c3—d4:, Lc5—b4†, 8. Sb1—c3, Sb8—c6, wobei Schwarz einen Bauer mehr behält.

4. . . . . . Dg5—g6

Der Punkt f7 ist zu decken.

5. Sg1—e2 d7—d6
6. d2—d4 e5—d4:
7. c3—d4: Lc5—b4†
8. Lc1—d2 Lb4—d2ǂ
9. Sb1—d2:

Weiss ist besser entwickelt.

b) 2. . . . . . Sg8—f6!

Für den Anziehenden bieten sich nun die Fortsetzungen Sg1—f3!, d2—d4 (worauf e5—d4:), Sb1—c3 (worauf Sf6—e4:), f2—f4 (gut) und d2—d3 (gut), von denen wir hier nur die erste behandeln.

3. Sg1—f3 Sf6—e4:
4. d2—d3! Se4—f6

Auch 4. . . . . ., Se4—d6, 5. Sf3—e5:, Sd6—c4:, 6. Se5—c4:, d7—d5 kann erfolgen.

5. Sf3—e5: d7—d5
6. Lc4—b3 Lf8—d6
7. d3—d4 o—o

Das Spiel steht gleich.

Zweite Abtheilung.

Gambit-Spiele auf dem Königsflügel.

I. Das Königsspringer-Gambit.

Ein Gambit kann entweder den Zweck haben, durch Preisgeben eines Steines mehrere wichtige Tempi zu gewinnen, oder durch Beseitigung desselben für einen oder mehrere der eigenen Officiere Raum und freie Bahn zum Angriff zu erlangen. In beiden Fällen ist das beabsichtigte Resultat: rasche Entwickelung. Im Evans-Gambit, haben wir gesehen, wird der b-Bauer geopfert; dann folgen die Züge c2—c3, d2—d4 etc. Dadurch ist für Weiss der b-Bauer beseitigt, dem Läufer stehen die Linie b2, a3, der Dame die Diagonale c2, b3, a4 alsbald offen und die b- und c-Linie ist den Thürmen frei gemacht, während Schwarz durch die Läuferzüge Lc5—b4:, Lb4—c5, Lc5—b6 viel Zeit verloren hat. Die Pointe der Königs-Gambitspiele hingegen beruht darin: durch Aufopferung des f-Bauern die f-Linie frei zu legen und auf derselben insbesondere die wuchtigen Thürme zum Angriff auf den ohnehin schwachen Punkt f7 zu concentriren.

	Weiss	Schwarz
1.	e2—e4	e7—e5
2.	**f2—f4**	e5—f4:
3.	**Sg1—f3**	

Hier bieten sich dem Nachziehenden zwei Möglichkeiten: entweder er vertheidigt den gewonnenen Bauer, oder er giebt ihn freiwillig wieder auf. Das Letztere ist zwar eigentlich nicht zu empfehlen, weil das Behaupten des Bauern vortheilhafter, indessen ist es vorsichtiger. Wenn Schwarz den Bauer nicht vertheidigt, so kann er, eine ruhige Entwickelung wählend, das Spiel fortsetzen mit: d7—d6, d7—d5, Sg8—f6, f7—f5, Sb8—c6, welche Züge sämmtlich, besonders aber die vier letzten, gut und sicher sind. In vielen Fällen kann dann auch nachträglich noch durch g7—g5 der Bauer f4 gedeckt werden, wie auch umgekehrt nach 3. . . . ., g7—g5, 4. Lf1—c4 Schwarz, ausser 4. . . . . ., h7—h6! und 4. . . . . ., Lf8—c5, die vorstehend angegebenen Züge ein Tempo später machen kann.

3. . . . . . g7—g5

Hieraus entsteht das eigentliche Königsspringer-Gambit, welches sich in zahlreiche, besonders benannte Fortsetzungen verzweigt, nämlich:

a) 4. Lf1—c4 Lf8—g7
Gewöhnliches Springer-Gambit.

b) 4. Lf1—c4 g5—g4
5. o—o genannt
Gambit des Muzio.

c) 4. Lf1—c4 g5—g4
5. Sf3—e5 genannt
Gambit des Salvio und Cochrane.

d) 4. h2—h4 g5—g4
5. Sf3—g5 genannt
Gambit des Allgaier.

e) 4. h2—h4 g5—g4
5. Sf3—e5 genannt
Gambit des Kieseritzky.

Alle diese Spielarten sind höchst interessant und variantenreich; bevor wir jedoch zu ihnen übergehen, wollen wir noch eine höchst originelle Eröffnung betrachten, nämlich das sogenannte

Cunningham-Gambit.

Nach den Zügen:

1. e2—e4 e7—e5
2. f2—f4 e5—f4:
3. Sg1—f3

bietet sich dem Schwarzen ausser anderen Vertheidigungen auch die Möglichkeit, seinen auf f4 geschobenen Bauer durch Tausch gegen einen andern zu verwerthen. Darum zieht Schwarz:

3. . . . . . Lf8—e7
4. Lf1—c4 Le7—h4†
5. g2—g3

Stärker für Weiss wäre es, auf die gedachte Absicht von Schwarz nicht einzugehen, sondern dem gebotenen Schach durch 5. Ke1—f1 auszuweichen, wobei er später den Bauer zurückgewinnt und den Angriff ausserdem behält, z. B.: 5. Ke1—f1, d7—d6, 6. d2—d4, Dd8—f6, 7. e4—e5, d6—e5:, 8. d4—e5:, Df6—e7, 9. Lc1—f4: u. s. w.

5. . . . . f4—g3:
6. o—o g3—h2‡
7. Kg1—h1 d7—d5!

Weniger gut sind die Vertheidigungszüge d7—d6, Lh4—f6 und Sg8—h6, die den Anziehenden im Vortheil lassen.

8. Lc4—d5:

Auf e4—d5: könnte nun Lh4—f6 folgen und dann würde Schwarz ein überwiegendes Spiel bekommen.

8. . . . . . Sg8—f6
9. Ld5—f7‡

Nimmt Weiss Sf3—h4:, so geschieht 9. . . . ., Sf6—d5:, 10. e4—d5:, Dd8—h4:, 11. Dd1—e2†, Ke8—d8, 12. De2—h2:,

Dh4—h2:, 13. Kh1—h2:, f7—f6 und Schwarz gewinnt.

9.		Ke8—f7:
10.	Sf3—h4:	Th8—f8
11.	e4—e5	Dd8—d5†
12.	Sh4—f3	Sf6—h5
13.	c2—c4	Dd5—c6
14.	Kh1—h2:	Sh5—f4

Schwarz gewinnt.

Gewöhnliches Springer-Gambit.

	Weiss	Schwarz
1.	e2—e4	e7—e5
2.	f2—f4	e5—f4:
3.	Sg1—f3	g7—g5
4.	Lf1—c4	Lf8—g7
5.	h2—h4	

Weiss kann den Angriff auch ohne diesen Zug fortsetzen, z. B. mit 5. o—o nebst späterem g2—g3. Die Folge könnte sein: 5. o—o, d7—d6, 6. d2—d4, h7—h6, 7. c2—c3 etc.

5. ..... h7—h6!

Besser als g5—g4.

6.	d2—d4	d7—d6
7.	c2—c3	g5—g4

Vorher ist g5—g4 nicht so gut, wie an dieser Stelle. Der Gegenzug Sg8—f6, worauf 8. h4—g5:, Sf6—e4:, 9. Dd1—e2, Dd8—e7 die Fortsetzung sein kann, kommt auch in Betracht. Dagegen sind die Läuferzüge Lc8—g4 und Lc8—e6 minder empfehlenswerth wegen Dd1—b3, beziehentlich Lc4—e6: nebst Dd1—b3.

8. Lc1—f4:

Auf die Fortsetzung Sf3—g[illegible] kommt Schwarz durch: Dd8—e7, 9. Dd1—e2, Sg8—f6, 10. e4—e5, d6—e5:, 11. d4—e5:, Sf6—h5 in Sicherheit; auch kann Lg7—f6 geschehen. Der Läuferzug c1—f4: birgt die stärkste Fortsetzung des Angriffs, ist indessen bei sorgfältiger Vertheidigung nicht erfolgreich.

8.		g4—f3:
9.	Dd1—f3:	Lc8—e6
10.	Sb1—d2	Sg8—e7
11.	h4—h5	

Auf o—o spielt Schwarz Le6—c4: und o—o.

11.		Le6—c4:
12.	Sd2—c4:	Sb8—c6

Schwarz gewinnt.

Muzio-Gambit.

Es giebt nur wenige Eröffnungen, die einen so überaus heftigen Angriff zur Folge haben, wie das Springer-Gambit des Muzio. Das „wilde Muzio“, wie man dasselbe nicht mit Unrecht genannt hat, liefert eine Anzahl interessanter Abweichungen für den

Anziehenden, wie für den Vertheidigenden, die sämmtlich einen höchst lebhaften Verlauf haben. In die Kategorie dieser Spielarten gehört u. A. auch das „Opfer des Königsläufers", welches nach den Zügen:

1.	e2—e4	e7—e5
2.	f2—f4	e5—f4:
3.	Sg1—f3	g7—g5
4.	Lf1—c4	g5—g4

mit:

5. **Lc4—f7**†

seinen Anfang nimmt. Da dasselbe indessen weder zu den gebräuchlichen, noch zu den besonders starken Eröffnungen gehört, so wollen wir nur die eine Folge angeben:

5.	Ke8—f7:
6. Sf3—e5†	Kf7—e8!

Nicht so gut ist Kf7—e6, worauf ebenfalls Dd1—g4† geschieht.

7. Dd1—g4:	Sg8—f6!

Auch Dd8—f6 ist ein guter Vertheidigungszug.

8. Dg4—f4:	Lf8—d6!

Die letzten drei starken Züge des Schwarzen brechen den Angriff des Weissen vollständig.

9.	o—o	Th8—f8
10.	d2—d4	Sb8—c6
11.	Se5—c6:	Ld6—f4:
12.	Sc6—d8:	Lf4—c1:
13.	Tf1—c1:	Sf6—e4:
14.	Tc1—e1	d7—d5
15.	Sb1—c3	Ke8—d8:
16.	Sc3—d5:	Lc8—f5

und Schwarz gewinnt.

Aehnlich verhält es sich mit der Eröffnung des „Ghulam Kassim", in welcher mit 5. **d2—d4** fortgefahren wird und die sowohl mit 5. ....., g4—f3:, als mit 5......, d7—d5 vortheilhaft vertheidigt werden kann, z. B.

5.	g4—f3:
6. Dd1—f3:	d7—d5!
7. Lc4—d5:	Sg8—f6!
8. o—o	c7—c6!

Weiss hat nun die Wahl, den Läufer nach b3 zurückzuziehen, oder auf f7: zu opfern. Im ersteren Falle wird Schwarz durch Dd8—d4†, nebst Lc8—g4 und Sb8—d7, im letzteren durch Ke8—f7: (10. Lc1—f4:, Lf8—g7 etc.) ein überwiegendes Spiel erlangen. Endlich ist noch die Fortsetzung:

5. **Sb1—c3**

hier hervorzuheben.

5.	g4—f3:
6. Dd1—f3:	d7—d5!
7. Lc4—d5:	c7—c6
8. Ld5—f7†	

Auf Ld5—b3 folgt Lc8—e6, 9. Lb3—e6:, f7—e6:, 10. Df3—h5†, Ke8—d7 etc.

8.	Ke8—f7:
9. d2—d4	

Nicht stärker ist Df3—h5†, worauf der König nach g7 geht.

9.	Sg8—f6
10. e4—e5	Lf8—g7
11. Lc1—f4:	Th8—e8

12. Lf4—g5 Dd8—d4:
13. Lg5—f6: Lc8—g4
und Schwarz gewinnt.

Wir kommen nun mit dem eigentlichen **Muzio-Gambit** zu der stärksten Angriffsweise dieser Eröffnung:

5. o—o! g4—f3:
6. Dd1—f3: Dd8—f6!

Minder gut ist die Vertheidigung Dd8—e7, die wir unter a) betrachten wollen.

7. e4—e5

Dieser Bauer wird geopfert, theils um die schwarze Dame mit Tempogewinn von dem Felde f6 zu entfernen, theils um die Königslinie für die Thürme offen zu erhalten. Schwarz nimmt am Besten:

7. ..... Df6—e5:
8. d2—d3 Lf8—h6
9. Lc1—d2 Sg8—e7
10. Sb1—c3 Sb8—c6
11. Ta1—e1 De5—f5!
12. Te1—e4

Auch Sc3—d5, worauf Ke8—d8!, 13. Ld2—c3, Th8—e8!, 14. Sd5—f6 (auf Lc3—f6 muss Lh6—g5! geschehen), Te8—f8 die Folge sein kann, ist beachtenswerth, ja wir halten dies für etwas nachhaltiger.

12. ..... o—o

Die einzig richtige Vertheidigung an dieser Stelle.

13. Ld2—f4: Lh6—g7!

Schwarz droht jetzt, mittelst d7—d5 sein Spiel allmählig sicher zu stellen. Es ist un nun zwar keine Fortsetzung be kannt, mit welcher Weiss dieser Zug mit Erfolg begegnen un den Angriff auf die Dauer be haupten könnte, das Muzio-Gam bit ist indessen ein so gefähr liches Spiel und birgt so viel Tücken, dass immer noch gross Vorsicht bei der Vertheidigun angewandt werden muss. Fü Weiss kommen zunächst die Züg Df3—e2, g2—g4, Df3—g3, Te —e1 in Betracht; z. B.:

14. Df3—e2 d7—d5
15. Lf4—c7: Df5—g5
16. h2—h4 Dg5—g6
17. Sc3—d5: Se7—d5:
18. Lc4—d5: Lc8—f5
19. Te4—f4 Lf5—e6

Weiss kann nun sehr ver schieden spielen, dürfte abe überall in Nachtheil gerathen.

a) 6. ..... Dd8—e7
7. Df3—f4: A)

Eine sehr starke Fortsetzung für Weiss.

7. ..... Sb8—c6
8. Lc4—f7† Ke8—d8
9. Sb1—c3 De7—e5
10. Df4—e5: Sc6—e5:
11. d2—d4 Se5—f7:
12. Tf1—f7:

Weiss hat zwar einen Officier weniger, wird aber das Spiel mindestens auszugleichen im Stande sein, da Schwarz sich nur mit grosser Schwierigkeit entwickeln kann.

A) 7. d2—d4 Sb8—c6!
8. Sb1—c3

Auch diese Fortsetzung, sowie 8. Df3—f4: verschafft dem Anziehenden ein nachhaltiges Angriffsspiel.

8. ..... Sc6—d4:
9. Df3—d3 Sd4—e6
10. Sc3—d5 De7—c5†
11. Kg1—h1 b7—b5
12. Lc4—b3 Lf8—h6
13. Lc1—d2 Dc5—f8!

Schwarz wird wohl allmählig seinen Officier zur Geltung bringen können, ist aber noch lange heftigen Angriffen ausgesetzt.

Das Salvio-Silberschmidt- und Cochrane-Gambit.

Das Springeropfer im Muzio-Gambit verschafft dem Anziehenden, wie wir soeben gesehen haben, einen zwar sehr starken, aber bei sehr sorgfältiger Vertheidigung doch nicht durchschlagenden Angriff. Weiss ist indessen zu dem Opfer nicht genöthigt, sondern kann das Spiel auch mit dem Zuge 5. Sf3—e5 fortsetzen, wobei er allerdings die Gefahr läuft, nach wenigen Zügen die Waffe des Angriffs sich von Schwarz entwunden zu sehen. Es bleibt demnach dem Spieler überlassen, entweder durch das Springeropfer eine wahre „Ziethen aus dem Busch-Attaque" zu erlangen, oder mit Sf3—e5 in eine vorsichtigere, aber immerhin interessante Spielart einzulenken, welche in 2, beziehentlich 3 Hauptvarianten, nämlich: Gambit des Salvio und Salvio-Silberschmidt und Gambit des Cochrane, zerfällt.

	Weiss	Schwarz
1.	e2—e4	e7—e5
2.	f2—f4	e5—f4:
3.	Sg1—f3	g7—g5
4.	Lf1—c4	g5—g4
5.	Sf3—e5	Dd8—h4†
6.	Ke1—f1	

Schwarz thut wohl daran, erst dieses Schach zu geben, da auf sofort Sg8—h6 Weiss mit 6. o—o ein überlegenes Spiel erlangt.

a) 6. ..... Sg8—h6!

Geschieht dieser Zug (mit nachfolgendem f4—f3), so heisst die Eröffnung „Gambit des Salvio-Silberschmidt", eine Vertheidigung, die zum Vortheil des Nachziehenden ausschlägt. Zieht Schwarz hingegen sofort 6. ...., f4—f3, so entsteht das Gambit des Cochrane, welches ebenfalls günstig für die Vertheidigung ist. Das Salvio-Gambit endlich resultirt aus 6. ....., Sg8—f6 und hat nur Remis zur Folge.

7. d2—d4 f4—f3!

Auf d7—d6 gewinnt Weiss mit Se5—d3 den Gambitbauer

zurück und gelangt dann allmählig in Vortheil.

8. g2—f3: d7—d6

Auf 8. Lc1—h6:, Lf8—h6:, 9. g2—f3: folgt d7—d5, 10. Lc4—d5:, g4—f3:, 11. Dd1—f3:, Lc8—h3† etc.

9. Se5—g4:

Auf 9. Lc1—h6: folgt d6—e5:, 10. Lh6—f8:, g4—f3: mit überlegenem Spiele für Schwarz.

9. ..... Sh6—g4:
10. f3—g4: Lc8—g4:
11. Dd1—d3 Lg4—h3†
12. Kf1—e2

Schwarz kann das Spiel verschieden fortsetzen, z. B. mit Lh3—g2 und Th8—g8, und steht im Vortheil.

b) 6. ..... Sg8—f6

Das Salvio-Gambit, Schwarz erlangt nur remis.

7. Dd1—e1!

Minder gut sind die Fortsetzungen a) 7. Lc4—f7‡, wegen Ke8—e7, 8. Lf7—b3, d7—d6, b) 7. Se5—f7:, wegen d7—d5 c) 7. d2—d4 wegen f4—f3 8. g2—f3:, g4—f3:, 9. Dd1—f3: d7—d6, 10. Se5—f7:, Lc8—h3†, 11. Kf1—g1, Th8—g8† 12. Sf7—g5, Tg8—g5‡, 13. Lc1—g5:, Dh4—g5‡ etc.

7. ..... Dh4—e1‡
8. Kf1—e1: Sf6—e4:
9. Lc4—f7‡ Ke8—e7
10. Lf7—h5 A) g4—g3
11. h2—h3 d7—d6
12. Se5—d3 Lf8—h6
13. Sb1—c3 Se4—c3:
14. d2—c3: Th8—f8
15. Th1—f1 Lc8—f5

Das Spiel steht gleich.

A) 10. Lf7—b3 Se4—g5
11. d2—d4 d7—d6
12. Lc1—f4: Sg5—e6
13. Lb3—e6: Lc8—e6:
14. Lf4—g5† Ke7—e8
15. Se5—d3 Lf8—g7
16. c2—c3 Th8—f8
17. Sb1—d2

Das Spiel steht für beide Parteien gleich.

Allgaier-Gambit.

Die bisher behandelten Eröffnungen des Springer-Gambits veranschaulichen, dass Schwarz nur dann erfolg- und siegreich sich vertheidigen kann, wenn er den in Folge des angenommenen Gambits gewonnenen Bauer mittelst g7—g5 vertheidigt. Weiss seinerseits bemüht sich, wie wir gesehen haben, für den geopferten Bauer ein Aequivalent, sei es durch einen starken Angriff, sei es durch späteres Zurückgewinnen des Bauern zu erlangen. Er kann aber auch von vornherein den Schwarzen an der Deckung durch die Bauernkette g5, h6 zu hindern suchen. Dies geschieht nach den Zügen:

	Weiss	Schwarz
1.	e2—e4	e7—e5
2.	f2—f4	e5—f4:
3.	Sg1—f3	g7—g5

durch

	Weiss	Schwarz
4.	h2—h4	

worauf nach dem Gegenzuge:

	Weiss	Schwarz
4.	.....	g5—g4

Weiss die Wahl hat, mit Sf3—e5 in das Gambit des Kieseritzky, oder mit Sf3—g5 in das Gambit des Allgaier überzulenken. Beide Fortsetzungen gewähren höchst interessante Angriffsweisen, die jedoch bei sorgfältiger Vertheidigung ebenfalls nicht zum Vortheil für Weiss ausschlagen.

	Weiss	Schwarz
5.	**Sf3—g5**	h7—h6

Auch der Zug d7—d5 ist hier empfehlenswerth.

	Weiss	Schwarz
6.	Sg5—f7:	Ke8—f7:
7.	Dd1—g4: (V.)	Sg8—f6!
8.	Dg4—f4:	Lf8—d6!

Nur in seltenen Fällen ist, ehe noch der Damenbauer gezogen hat, der Läuferzug d6 gut. Hier aber ist er der beste Zug:

	Weiss	Schwarz
9.	Df4—f3	Sb8—c6

Für besser gilt 9. Df4—f2.

	Weiss	Schwarz
10.	c2—c3	Sc6—e5
11.	Df3—f2	Se5—g4
12.	Df2—f3	Dd8—e7
13.	d2—d3	De7—e5

Schwarz steht vortrefflich.

Variante:

	Weiss	Schwarz
7.	Lf1—c4†	d7—d5!
8.	Lc4—d5:†	Kf7—g7

Auch Kf7—e8 gewährt eine sichere Vertheidigung.

	Weiss	Schwarz
9.	d2—d4	Dd8—f6
10.	Dd1—d3	Sg8—e7
11.	Sb1—c3	Sb8—c6
12.	e4—e5	Df6—g6
13.	Ld5—e4	Lc8—f5
14.	Lc1—f4:	Ta8—d8
15.	Le4—f5:	Dg6—f5:
16.	Dd3—f5:	Se7—f5:
17.	d4—d5	Sc6—b4
18.	o—o—o	Lf8—c5
19.	a2—a3	Sb4—a6
20.	Td1—d3	Th8—f8
21.	g2—g3	

Schwarz wird seinen materiellen Vortheil immerhin nur langsam zur Geltung bringen können.

Kieseritzky-Gambit.

	Weiss	Schwarz
1.	e2—e4	e7—e5
2.	f2—f4	e5—f4:
3.	Sg1—f3	g7—g5
4.	h2—h4	g5—g4
5.	**Sf3—e5**	

Schwarz hat folgende beachtenswerthe Vertheidigungen:

a) d7—d6, b) Sg8—f6, c) Dd8—e7, d) h7—h5, e) Sb8

—c6, f) Lf8—e7, g) **Lf8—g7!**, von denen vornehmlich die letzte erfolgreich und überlegen ist. b) und d) waren übrigens in früherer Zeit sehr gebräuchlich.

a) 5. . . . . . d7—d6
6. Se5—g4: Lf8—e7
7. d2—d4 Le7—h4†
8. Sg4—f2 Dd8—g5
9. Dd1—f3 Lh4—g3
10. Sb1—c3

Minder gut ist 10. Th1—h5, Dg5—g6, 11. Lf1—e2, Sg8—f6 etc.

10. . . . . . Sb8—c6
11. Lf1—b5 Lc8—d7
12. Lb5—c6: b7—c6:
13. Sc3—e2 Ld7—g4

Die Variante ist nicht uninteressant.

14. Df3—g3: f4—g3:
15. Lc1—g5: g3—f2†
16. Ke1—f2: Ta8—b8

Das Spiel steht gleich.

b) 5. . . . . . Sg8—f6
6. Lf1—c4 d7—d5!
7. e4—d5: Lf8—d6
8. d2—d4 Sf6—h5
9. Lc4—b5†

Besser ist A) 9. Sb1—c3 und B) 9. o—o.

9. . . . . . c7—c6!

Auch Ke8—f8 kann geschehen.

10. d5—c6: b7—c6:
11. Se5—c6: Sb8—c6:
12. Lb5—c6† Ke8—f8
13. Lc6—a8: Sh5—g3
14. Ke1—f2! Sg3—h1†
15. Dd1—h1: Lc8—f5

Dies ist besser als g4—g3†.

16. La8—d5 Kf8—g7
17. Sb1—c3 Th8—e8

Schwarz wird bei richtiger Fortsetzung nun mittelst g4—g3† gewinnen.

A) 9. Sb1—c3 Lc8—f5

Auf Sh5—g3 opfert Weiss den Thurm und fährt mit 10. Lc1—f4:, Sg3—h1:, 11. g2—g3 fort, womit er ein überlegenes Angriffsspiel zu behaupten scheint.

10. Sc3—e2 Dd8—e7
11. Se2—f4: Sh5—f4:
12. Lc1—f4: f7—f6
13. o—o f6—e5:
14. Lf4—g5 De7—d7
15. d4—e5: Ld6—c5†
16. Kg1—h1 Lf5—g6
17. e5—e6 Dd7—d6
18. Dd1—g4:

und Weiss hat ein überlegenes Spiel.

B) 9. o—o Dd8—h4:
10. Dd1—e1

Weiss ist genöthigt, den Damentausch anzubieten, da sonst sein König gefährdet werden könnte.

10. . . . . . Dh4—e1:
11. Tf1—e1: o—o
12. Lc4—d3! Tf8—e8
13. Lc1—d2! f7—f6
14. Se5—c4 Te8—e1†
15. Ld2—e1: Ld6—f8
16. Sb1—c3

Weiss steht günstig, da Schwarz sich schwer entwickeln kann.

c) 5. ..... Dd8—e7
6. d2—d4

Auf 6. Se5—g4: spielt Schwarz mit Vortheil f7—f5.

6. ..... d7—d6
7. Se5—g4: f7—f5
8. Sg4—f2 Sg8—f6
9. Lc1—f4: f5—e4:
10. d4—d5! h7—h5!
11. Lf1—e2 Lc8—f5

Weiss steht etwas besser.

d) 5. ..... h7—h5

Von den zahlreichen, hieraus sich ergebenden Varianten haben wir nur für einige wenige Raum.

6. Lf1—c4 Th8—h7 A)
7. d2—d4! d7—d6
8. Se5—f7: Th7—f7:
9 Lc4—f7† Ke8—f7:
10. Lc1—f4: Lf8—h6
11. 0—0 Lh6—f4:
12. Tf1—f4† Kf7—g7
13. Sb1—c3 Lc8—e6
14. Dd1—d2 Sg8—f6
15. Ta1—f1 Sb8—d7
16. Tf1—f6: und Weiss gewinnt.

A) 6. ..... Sg8—h6
7. d2—d4 d7—d6
8. Se5—d3 f4—f3
9. g2—f3:!

Auch g2—g3 kann geschehen.

9. ..... Lf8—e7
10. Lc1—e3 Le7—h4†
11. Ke1—d2 g4—f3:
12. Dd1—f3: Lc8—g4:
13. Df3—f4

Weiss steht besser.

e) 5. ..... Sb8—c6
6. Se5—c6:

Auch d2—d4 und Se5—g4: kann erfolgen.

6. ..... d7—c6:
7. d2—d4 Sg8—f6
8. Lc1—f4: Sf6—e4:
9. Lf1—d3 Se4—d6
10. Sb1—c3 Lf8—g7
11. Sc3—e2 0—0
12. c2—c3 Lc8—f5
13. Dd1—c2 Lf5—d3:
14. Dc2—d3: Tf8—e8
15. 0—0—0

Das Spiel steht ungefähr gleich; die schwarze Position ist wohl um ein Geringes besser.

f) 5. ..... Lf8—e7
6. Lf1—c4! Le7—h4†
7. Ke1—f1 d7—d5
8. Lc4—d5: Sg8—h6
9. d2—d4 Lh4—g5
10. Sb1—c3

Auch 10. g2—g3, Dd8—f6, 11. g3—f4:, Lg5—f4:, 12. Kf1—g2 kommt in Betracht.

10. ..... f7—f6
11. Se5—d3 c7—c6
12. Ld5—b3 Dd8—d4:
13. Lc1—f4: Lg5—f4:
14. Sd3—f4: Dd4—d1†
15. Ta1—d1: Sh6—f7
16. Sf4—g6 Th8—g8
17. Th1—h7:

Weiss gewinnt.

g) 5. ..... Lf8—g7!

Dieser vortreffliche Vertheidigungszug, welcher gleichzeitig einen interessanten Gegenangriff einleitet, rührt von Louis Paulsen her. Man nennt diese Fortsetzung daher auch Kieseritzky-Paulsen-Gambit.

Weiss hat die Wahl zwischen zwei Fortsetzungen:

A) Se5—g4: und B) d2—d4.

A) 6. Se5—g4: d7—d5
7. Sg4—f2

Weiss darf nicht 7. e4—d5: spielen, da er durch Dd8—e7†, 8. Ke1—f2, Lg7—d4†, 9. Kf2—f3, Lc8—g4‡, 10. Kf3—g4:, Sg8—f6†, 11. Kg4—h3, De7—d7†, 12. Kh3—h2, Sf6—g4†, 13. Kh2—h3, Sg4—f2†† das Spiel verliert.

7. ..... d5—e4:
8. Sf2—e4: Dd8—e7

Auch Sg8—f6 kann geschehen.

9. Dd1—e2 Sb8—c6
10. c2—c3 Sg8—h6
11. Se4—f2 Sh6—f5!

Ein ausgezeichneter Zug, welcher von J. H. Zukertort, dem ehemaligen Redacteur der in früheren Jahren in Berlin erschienenen „Neuen Berliner Schachzeitung" (seit 1871 eingegangen) angegeben und analysirt worden ist. Weiss hat darauf vier Antworten, nämlich I) 12. d2—d4 worauf Lc8—e6 13. Lc1—f4: Sf5—d4: 14. c3—d4:, Sc6—d4 15. De2—e4, f7—f5 für Schwarz entscheidet; II) 12. d2—d3 worauf Sf5—g3, III) 12. Sb1—a3, worauf De7—e2‡ 13. Lf1—e2:. Sf5—g3, und IV) 12. De2—e7‡, worauf Ke8—e7:, 13. d2—d4, Sf5—g3, 14. Th1—h2 Th8—e8, 15. Lf1—b5 oder Sf2—h3 mit Ke7—f8† zum Vortheil für Schwarz ausgeführt wird.

B) 6. d2—d4 Sg8—f6
7. Se5—g4:

Ausserdem kann Weiss spielen: 7. Sb1—c3, 7. Lc1—f4:, 7. Lf1—c4 und 7. Lf1—d3, worauf Schwarz zunächst mit d7—d6, resp. 0—0 antwortet und schliesslich ebenfalls in Vortheil gelangt.

7. ..... Sf6—e4:
8. Lc1—f4: Dd8—e7
9. Dd1—e2 d7—d5
10. Sg4—e5 Sb8—c6
11. Se5—c6: b7—c6:
12. c2—c3 Lc8—f5

Schwarz hat ein überlegenes Spiel.

II. Das Königslaufer-Gambit.

Während das Königsspringer-Gambit bei richtiger Vertheidigung sich zum Vortheil des Nachziehenden gestaltet, verschafft das Königslaufer-Gambit dem Gambitgeber nicht nur ein gleiches Spiel, sondern auch in vielen Fortsetzungen einen lebhaften Angriff in Folge rascher Figuren-Entwickelung. Das Laufer-Gambit ist demnach stärker, als das Springer-Gambit, und „correct“, während letzteres als „incorrect“ bezeichnet werden kann. Die Ursache hiervon ist schwer erkennbar, denn im Grunde müsste es gleichgültig sein, ob ein Springer oder ein Läufer zuerst entwickelt wird; man wird aber schwerlich fehlgreifen, wenn man annimmt, dass der Unterschied, der Vortheil des Laufer-Gambits, in der unmittelbaren Bedrohung des Punktes f7 durch den Läuferzug f1—c4 beruht.

	Weiss	Schwarz
1.	e2—e4	e7—e5
2.	f2—f4	e5—f4:
3.	**Lf1—c4**	

Es giebt nun viele Vertheidigungsarten, von denen wir

a) 3. . . . . . f7—f5
b) 3. . . . . . Sg8—f6
c) 3. . . . . . d7—d5
d) 3. . . . . . c7—c6
e) 3. . . . . . Dd8—h4†

betrachten wollen, während z. B. 3. . . . . ., g7—g5, welches wegen 4. h2—h4!, und das Flügel-Gegen-Gambit 3. . . . . ., b7—b5, welches wegen 4. Lc4—b5: nicht zu empfehlen ist, übergangen werden mag.

a) 3. . . . . . f7—f5

4.	Dd1—e2	Dd8—h4†
5.	Ke1—d1	f5—e4:
6.	De2—e4‡	Lf8—e7
7.	Lc4—g8:	Th8—g8:
8.	Sg1—f3	Dh4—h5
9.	Th1—e1	Sb8—c6
10.	Sb1—c3	d7—d6
11.	d2—d4	Ke8—d8

Das Spiel steht gleich.

b) 3. . . . . . Sg8—f6

4. Sb1—c3 Sb8—c6

Dies gilt für besser als Lf8—h4.

5.	Sg1—f3	Lf8—b4
6.	o—o	d7—d6
7.	Sc3—d5	Sf6—d5:
8.	e4—d5:	Sc6—e5
9.	Sf3—e5:	d6—e5:
10.	d2—d4	Dd8—e7
11.	c2—c3	Lb4—d6
12.	d4—e5:	Ld6—e5:
13.	Lc1—f4:	Le5—f4:
14.	Tf1—f4:	o—o

Weiss steht um ein Geringes besser; der Punkt f7 ist schwach.

c) 3. . . . . ., d7—d5

Einer der besten Gegenzüge.

4.	Lc4—d5: A)	Dd8—h4†
5.	Ke1—f1	g7—g5
6.	Sb1—c3	Sg8—e7
7.	d2—d4	Lf8—g7
8.	Sg1—f3	Dh4—h5

Die letzten drei Züge können auch vielfach in anderer Reihenfolge geschehen.

9.	h2—h4	h7—h6
10.	Sf3—e5	

Auch die Fortsetzungen 10. e4—e5 und 10. Kf1—g1 kommen in Betracht.

10.	. . . . .	Dh5—d1‡
11.	Sc3—d1:	Se7—d5:
12.	e4—d5:	Lc8—f5

Schwarz kommt in Vortheil.

A) 4. e4—d5: Dd8—h4†
5. Ke1—f1 Lf8—d6
6. d2—d4 (V.) Sg8—e7
7. Lc4—b3

Dieser Zug geschieht, um vor Sb1—c3 zunächst c2—c4 spielen zu können. Der verstorbene Schachfreund W. Schulten, welcher auch oft mit Morphy gespielt hat, wählte diese Fortsetzung mit Vorliebe.

7. . . . . . g7—g5
8. c2—c4 b7—b6
9. Sb1—c3 Lc8—f5
10. Sg1—f3 Dh4—h5
11. h2—h4 h7—h6
12. Sc3—b5 Sb8—d7
13. Sb5—d6† c7—d6:
14. Kf1—g1 g5—g4
15. Sf3—e1 f4—f3
16. g2—g3 Lf5—e4
17. Kg1—f2 o—o

Schwarz steht besser.

V.) 6. Sg1—f3 Dh4—h5
7. Sb1—c3 Sg8—e7
8. d2—d4 Lc8—g4
9. Kf1—g1 Sb8—d7
10. Dd1—e2 o—o
oder o—o—o

und Schwarz steht besser.

d) 3. . . . . . c7—c6
4. d2—d4 d7—d5
5. e4—d5: c6—d5:
6. Lc4—b5† Sb8—c6
7. Lc1—f4: Lf8—d6
8. Lf4—d6: Dd8—d6:
9. Dd1—e2† Lc8—e6
10. Sg1—f3 Sg8—f6
11. o—o o—o

Das Spiel steht gleich.

e) 3. . . . . . Dd8—h4†
4. Ke1—f1 g7—g5

Die sogenannte „classische Vertheidigung des Laufer-Gambits“, welche indessen ungenügend ist, wie M. Lange durch gründliche Untersuchungen (in seiner „Kritik der Eröffnungen“) nachgewiesen hat.

Schwarz kann übrigens auch jetzt, statt g7—g5 zu ziehen, in die soeben mit behandelte Vertheidigung c) 3. . . . . ., d7—d5 einlenken, oder mit 4. . . . . ., d7—d6, 4. . . . . ., Sg8—f6, 4. . . . . ., Sb8—c6 fortfahren, welches ebenfalls beachtenswerthe Gegenzüge sind. Nur wird dann der Gambitbauer wieder verloren gehen, und muss Schwarz sich in der Eröffnung einer gewissen Vorsicht befleissigen, da er sonst leicht eine beengte Stellung erhält.

5. Sb1—c3 Lf8—g7
6. d2—d4 d7—d6 A)
7. Sg1—f3 Dh4—h5
8. h2—h4 h7—h6
9. e4—e5 d6—e5:
10. Sc3—d5 Ke8—d8
11. d4—e5: Lc8—d7

Eine höchst interessante Variante, von dem russischen Meister v. Petroff herrührend.

12. Kf1—g1 Dh5—g6
13. h4—g5: h6—g5:

14. Th1—h8: Lg7—h8:
15. Sf3—g5:

Namentlich dieses elegante und correcte Springeropfer hat v. Petroff empfohlen.

15. ..... Dg6—g5:
16. Lc1—f4: Dg5—g6

Auch andere Damenzüge, wie Dg5—g4, worauf 17. Dd1—g4:, Ld7—g4:, 18. Sd5—c7:, oder Dg5—f5, worauf 17. e5—e6, f7—e6:, 18. Sd5—c7:, Df5—c5†, 19. Kg1—h1, Dc5—c4:, 20. Dd1—d6, e6—e5, 21. Sc7—a8: folgen kann, führen höchstens zum Remis.

17. e5—e6 f7—e6:
18. Sd5—c7: e6—e5
19. Sc7—e6† Kd8—e7!

Weder Kd8—e8 noch Kd8—c8 sind günstiger für Schwarz.

20. Lf4—g5† Lh8—f6
21. Dd1—d5 Lf6—g5:
22. Dd5—c5† Ke7—f6
23. Ta1—f1† Lg5—f4
24. Se6—f4: und Weiss gewinnt.

A) 6. ..... Sg8—e7
7. g2—g3

Ebenfalls eine sehr geistreiche Fortsetzung.

7. ..... f4—g3:
8. Kf1—g2 d7—d6

Auch Dh4—h6 oder g5—g4 mit Dh4—f6 genügen zur Vertheidigung nicht und auf g3—h2: ist die schwarze Dame verloren.

9. h2—g3: Dh4—g4
10. Lc4—e2 Dg4—d7
11. Lc1—g5: Sb8—c6
12. Sg1—f3

Weiss hat den Gambitbauer zurückgewonnen und erlangt eine vorzügliche Entwicklung, die ihn rasch in Vortheil kommen lassen wird. — Wir erwähnen beiläufig hier noch das „Eingeschränkte Laufer-Gambit", welches mit:

1. e2—e4 e7—e5
2. f2—f4 e5—f4:
3. Lf1—e2 (Dd8—h4†)
(4. Ke1—f1)

beginnt und ein sicheres Spiel ist, aber keinen starken Angriff gewährt, sowie das „Ueberschreitende*) Laufer-Gambit", in welchem mit 3. Lf1—b5 fortgefahren wird.

---

*) Von dem Erfinder desselben, Richard Schurig in Leipzig, scherzweise „ausgerenktes" Laufer-Gambit getauft.

III. Das abgelehnte*) Königs-Gambit.

Weiss	Schwarz
1. e2—e4	e7—e5
2. f2—f4	

Schwarz kann das Gambit ablehnen durch: a) d7—d6, b) Lf8—c5 oder durch das Gegen-Gambit c) d7—d5.

a) 2. . . . . . d7—d6
3. Lf1—c4

Weiss kann auch mit Sg1—f3 fortfahren.

3.	Sg8—f6
4. Sb1—c3	Sb8—c6
5. Sg1—f3	Lc8—g4
6. o—o	Lf8—e7
7. d2—d3	o—o

Das Spiel steht ungefähr gleich.

b) 2. . . . . . Lf8—c5
3. Sg1—f3 d7—d6
4. Lf1—c4

Auch c2—c3 ist gut.

4. . . . . . Sg8—f6

Unrichtig ist hier Lc8—g4, weil 5. f4—e5:, d6—e5:, 6. Lc4—f7†, Ke8—f7:, 7. Sf3—e5† folgt. Dagegen kann 4. . . . . ., Sb8—c6 geschehen.

5. d2—d3	Lc8—g4
6. c2—c3	Sb8—c6
7. Dd1—e2	Dd8—e7
8. Lc1—e3	Lc5—e3:
9. De2—e3:	e5—f4:
10. De3—f4:	Lg4—f3:
11. Df4—f3:	

Das Spiel steht gleich.

c) 2. . . . . . d7—d5

Diese Entgegnung heisst: Mittel-Gambit gegen Königs-Gambit.

3. e4—d5: e5—e4

Das sogenannte Falkbeer-Lederer-Gambit, wodurch Schwarz einen nachhaltigen, aber schliesslich wohl nicht erfolgreichen Angriff erlangt.

4. Lf1—b5†	c7—c6!
5. d5—c6:	Sb8—c6:

Auch b7—c6: ist gut.

6. Lb5—c6†	b7—c6:
7. d2—d4	Sg8—f6
8. Sg1—e2	Lc8—a6
9. Sb1—c3	Lf8—b4
10. o—o	o—o
11. a2—a3	

Auch f4—f5 ist ein beachtenswerther Zug, doch kann darauf c6—c5 folgen.

11.	Lb4—c3:
12. b2—c3:	c6—c5
13. Lc1—e3	Sf6—d5
14. Dd1—d2	Sd5—e3:
15. Dd2—e3:	La6—e2:
16. De3—e2:	c5—d4:

Das Spiel steht gleich.

---

*) Ein weiser Rabbi giebt den guten Rath: das Königs-Gambit nur dann anzunehmen, wenn der Gegner Springer-Gambit spielen will; wenn dieser aber Laufer-Gambit beabsichtigt, das Gambit abzulehnen — wonach zu richten.

IV. From's Gambit.

Weiss	Schwarz
1. f2—f4	

In der Absicht, eine geschlossene (s. Seite 96) Partie einzuleiten; Schwarz kann, darauf eingehend, mit f7—f5, d7—d5, c7—c5 und noch beliebig anders entgegnen. Der dänische Schachfreund From antwortet jedoch, um die geschlossene Partie zu vermeiden:

1. . . . . . e7—e5

Hierauf kann Weiss nun allerdings e2—e4 folgen lassen und in das Königs-Gambit übergehen oder d2—d3 ziehen, aber auch spielen:

2. f4—e5: d7—d6
3. e5—d6: Lf8—d6:
4. Sg1—f3 Sg8—h6
5. d2—d4

Minder gut ist e2—e4, worauf folgen kann:

5. . . . . ., Sh6—g4, 6. g2—g3, Sg4—h2:, 7. Th1—h2:, Ld6—g3 ‡, 8. Ke1—e2, Lg3—h2:, 9. Sf3—h2:, f7—f5 und Schwarz gewinnt.

5. . . . . . Sh6—g4
6. Lc1—g5

Diese Fortsetzung rührt von J. H. Zukertort her.

6. . . . . . f7—f6
7. Lg5—h4 g7—g5!

Dieser Zug ist weit besser, als Sg4—e3 oder o—o, und scheint dem Nachziehenden das überwiegende Spiel zu verschaffen.

8. Lh4—f2 Sg4—f2:
9. Ke1—f2: g5—g4
10. Sf3—e1 Ld6—h2:!
11. g2—g3

Auf Th1—h2: folgt natürlich g4—g3† etc.

11. . . . . . Lh2—g3 ‡
12. Kf2—g3: Dd8—d6†
13. Kg3—g2 h7—h5

und Schwarz hat ein für Weiss gefährliches Angriffsspiel.

V. Das Mittel-Gambit.

Diese Eröffnung, die eventuell auch den Namen „Nordisches Gambit“ führt, kann als eine Abart des „Schottischen Gambits“, besonders der compromittirten Variante desselben, gelten. Sie gewährt einen nicht zu unterschätzenden Angriff.

Weiss	Schwarz
1. e2—e4	e7—e5
2. d2—d4	e5—d4:
3. c2—c3	

Man kann statt dessen mit 3. Sg1—f3 (3. . . . . ., Sb8—c6) in das „Schottische Gambit“ einlenken.

3. . . . . . d4—c3:
Besser erscheint Dd8—e7! nebst f7—f5.
4. Lf1—c4
Der „Nordische Gambit-Zug“.
4. . . . . . c3—b2:
5. Lc1—b2: Sg8—f6
Auch die Züge 5. . . . . ., Lf8—b4† und 5. . . . . ., Sb8—c6 können geschehen.
6. e4—e5 Lf8—b4†
7. Sb1—c3 Sf6—e4
8. Sg1—e2 Se4—c3:
9. Se2—c3: o—o
10. o—o d7—d6
11. Sc3—d5 Lb4—c5
12. Kg1—h1
Weiss hat ein sehr starkes Angriffsspiel.

Dritte Abtheilung.

Unregelmässige Eröffnungen auf dem Königsflügel.

Eröffnungen dieser Art geben meist Gelegenheit zu sogenannten „geschlossenen“ Spielen, welche sich dadurch characterisiren, dass bei ihnen die Parteien zunächst innerhalb ihres eigenen Heerlagers die Steine entwickeln, insbesondere die Bauern, indem die Bauern nicht so weit vorrücken, um durch den Abtausch eine unmittelbare Wechselwirkung, beziehentlich Auflösung im Centrum zu veranlassen. Häufig sind der eine oder andere Mittelbauer, bezüglich die Flügelbauern, nur einen Schritt gezogen und in Folge dessen ist auch die Möglichkeit von Gambits von vornherein beseitigt. Im Verlaufe der weiteren Entwickelung können jedoch auch diese Partieen zu interessanten Wechselwirkungen und zur Auflösung im Centrum hinführen, sowie sie meist zu oft sehr interessanten Combinationen und verwickelten Wendungen Anlass geben. Im Gegensatze zu derartigen geschlossenen Eröffnungen stehen die sogenannten „offenen“ Spiele, welche, in der Regel durch die Bewegung des Königsbauern beider Parteien um 2 Schritte eingeleitet, sofort im Anfange zu lebhaften Wendungen im Centrum, häufig mittelst der Gambitzüge, Gelegenheit bieten. Die bei weitem grösste Mehrzahl der bisher behandelten Eröffnungen gehört dieser letzteren Klasse an.

I. Die Französische Partie.

Weiss Schwarz

1. e2—e4 e7—e6

Eine vorsichtige Vertheidigungsweise.

2. d2—d4! d7—d5
3. e4—d5:

Auch 3. Sb1—c3, worauf Lf8—b4, 4. Lf1—d3, c7—c5! folgen kann, ist beachtenswerth.

3. . . . . . e6—d5:
4. Sg1—f3 Sg8—f6
5. Lf1—d3 Lf8—d6
6. o—o o—o

Die sogenannte französische, von M. Lange „Normal-Partie“ genannte Eröffnung. Weiss kann nun z. B. mit 7. Sb1—c3 oder 7. c2—c4 fortfahren, wird den Vortheil des Anzuges lange festhalten, jedoch bei correcter Vertheidigung eine überwiegende Stellung nicht behaupten können.

II. Die Sicilianische Partie.

Weiss Schwarz

1. e2—e4 c7—c5

Dieser Zug geschieht, um den verschiedenen Gambitspielen auszuweichen.

2. Sg1—f3 e7—e6!
3. Sb1—c3! Sb8—c6

Auch a7—a6 kann erfolgen.

4. d2—d4 c5—d4:
5. Sf3—d4: a7—a6!
6. Lf1—e2! d7—d5
7. e4—d5: e6—d5:
8. o—o Sg8—f6
9. Lc1—e3 Lf8—d6
10. Dd1—d2 o—o
11. Ta1—d1

Die Schwäche der Vertheidigung beruht in der Schwäche des Damenbauers, der auf d5 nur schwer zu halten ist; wird derselbe aber nicht anfänglich bald gezogen, so bleibt er häufig rückständig.

III. Fianchetto (Flankenspiel).

Weiss Schwarz

1. e2—e4 g7—g6

Das sogenannte Fianchetto del Re, oder Flankenspiel auf der Königsseite, früher auch die „Griechische Eröffnung“ genannt.

Im Gegensatze hierzu wird die Eröffnung 1. e2—e4, b7—b6 das Flügelspiel auf der Damenseite, Fianchetto di Donna, genannt, welches, wie folgt, verlaufen kann: 2. d2—d4!, Lc8—b7, 3. Lf1

—d3, e7—e6 (oder 3. . . . . ., f7—f5, 4. e4—f5:, Lb7—g2:, 5. Dd1—h5†, g7—g6, 6. f5—g6:, Lf8—g7, 7. g6—h7‡, Ke8—f8, 8. h7—g8‡, Kf8—g8:, 9. Dh5—g4, Lg2—h1:, 10. h2—h4 etc.), 4. Sb1—c3, g7—g6, 5. Lc1—e3, Lf8—g7, 6. Dd1—d2, d7—d6, 7. Sg1—e2, Sb8—d7, 8. o—o, Sg8—e7, 9. f2—f4, o—o, 10. f4—f5, e6—f5:, 11. e4—f5:, Sd7—f6 etc.

2.	f2—f4	e7—e6
3.	Sg1—f3	c7—c5
4.	d2—d4	d7—d5
5.	Sb1—c3	Lf8—g7
6.	e4—d5:	e6—d5:
7.	d4—c5:	Lg7—c3‡
8.	b2—c3:	Sg8—e7

Die weisse Partei wird in geschlossenen Vertheidigungsspielen dieser Art meist eine freiere Entwickelung und häufig auch ein überlegenes Spiel erlangen.

IV. Wiener Partie.

Ein Spielanfang, welcher von dem verstorbenen starken Wiener Spieler Hampe herrührt und neuerdings namentlich von Steinitz angewandt worden ist.

	Weiss	Schwarz
1.	e2—e4	e7—e5
2.	**Sb1—c3**	

Schwarz kann hierauf fortfahren mit Lf8—b4, Lf8—c5, oder Sg8—f6 und damit in eine ruhige Spieleröffnung überzugehen versuchen; die gewöhnliche Fortsetzung ist:

2.	. . . . .	Sb8—c6

Weiss thut hierauf nachträglich den Gambitzug, welcher natürlich auch auf die andern, eben erwähnten Züge geschehen kann.

3.	**f2—f4**	e5—f4:
4.	Sg1—f3	g7—g5

Versucht Weiss jedoch nachträglich das Laufergambit 4. Lf1—c4, so kommt er in Nachtheil und zwar durch Dd8—h4†. 5. Ke1—f1, Lf8—c5, 6. Dd1—f3, Sc6—d4 u. s. f.

5.	Lf1—c4	Lf8—g7

Auch g5—g4 könnte geschehen.

6.	o—o	d7—d6
7.	d2—d4	h7—h6

Hiermit ist in das Königsspringer-Gambit übergelenkt.

Vierte Abtheilung.

Eröffnungen mit dem Damenbauer.

I. Das Damen-Gambit.

Ein sehr sicherer und guter Spielanfang.

	Weiss	Schwarz
1.	d2—d4	d7—d5
2.	c2—c4	d5—c4:

Diese Annahme des Damengambit, welches besser abgelehnt wird (vergl. das nächste Spiel), gestattet der weissen Partei die bessere Entwickelung.

3. e2—e3

Weiss kann auch mit e2—e4 fortfahren, worauf Schwarz jedoch durch e7—e5, 4. d4—d5, f7—f5!, 5. Sb1—c3, Sg8—f6, 6. f2—f3, Lf8—c5, 7. Lc1—g5, o—o bald das Spiel ausgleicht.

3. . . . . . e7—e5!

Nicht so gut ist e7—e6, verderblich aber geradezu der Versuch, den Gambitbauer, wie im Königs-Gambit mittelst g7—g5, durch b7—b5 zu behaupten, weil 4. a2—a4, c7—c6, 5. a4—b5:, c6—b5:, 6. Dd1—f3 die Folge sein könnte, wobei Schwarz wegen der offenen Diagonale f3—a8 einen Officier einbüsst.

4.	Lf1—c4:	e5—d4:
5.	e3—d4:	Sg8—f6
6.	Dd1—b3	Dd8—e7†
7.	Sg1—e2	De7—b4†
8.	Sb1—c3	Db4—b3:
9.	Lc4—b3:	Lf8—e7

Weiss ist besser entwickelt.

II. Das abgelehnte Damen-Gambit.

	Weiss	Schwarz
1.	d2—d4	d7—d5
2.	c2—c4	e7—e6

Die beste Ablehnung; weniger empfehlenswerth wäre c7—c6, welches dem Damenspringer den natürlichen Ausgang auf c6 verstellt, desgleichen c7—c5, welches dem Weissen eine schnellere und günstigere Entwickelung gestattet, z. B. durch 3. c4—d5:, Dd8—d5:, 4. e2—e3, c5—d4:, 5. Sb1—c3, Dd5—a5, 6. e3—d4:, e7—e6, 7. Lf1—c4 u. s. w.

3.	Sb1—c3	c7—c5!
4.	e2—e3	Sg8—f6
5.	Sg1—f3	Sb8—c6
6.	a2—a3	a7—a6
7.	b2—b3	b7—b6
8.	Lc1—b2	Lc8—b7

9.	c4—d5:	e6—d5:
10.	Lf1—d3	c5—d4:
11.	e3—d4:	Lf8—d6
12.	0—0	0—0

Das Spiel steht gleich.

III. Die Holländische Partie.

(Königsläuferbauer gegen Damenbauer.)

	Weiss	Schwarz
1.	d2—d4	f7—f5
2.	c2—c4 (V.)	e7—e6
3.	a2—a3	Sg8—f6
4.	Sb1—c3	Lf8—e7
5.	Lc1—f4	0—0
6.	e2—e3	b7—b6
7.	d4—d5	d7—d6
8.	d5—e6:	Lc8—e6:
9.	Sg1—f3	Sf6—e4
10.	Sc3—e4:	f5—e4:
11.	Sf3—d4	Dd8—d7
12.	Ta1—c1	Le7—f6
13.	Sd4—e6:	Dd7—e6:
14.	Tc1—c2	Sb8—d7

Das Spiel steht gleich.

Variante.

2. e2—e4

Ein interessanter Zug, welcher von dem französischen Meister Arnous de la Rivière herrührt und in der Absicht geschieht, das geschlossene Spiel in ein offenes zu verwandeln.

2.	......	f5—e4:
3.	Sb1—c3	Sg8—f6

Auf d7—d5 folgt: 4. Dd1—h5† nebst Dh5—d5:

4.	Lc1—g5	c7—c6
5.	Lg5—f6:	e7—f6:
6.	Sc3—e4:	

Weiss gewinnt den Bauer unter allen Umständen zurück.

6.	......	d7—d5
7.	Se4—g3	Dd8—b6

Dies dürfte die stärkste Fortsetzung für Schwarz sein; es kann indessen auch Lf8—d6 geschehen. Weiss scheint nun am besten mit Dd1—e2† nebst 0—0—0 fortzufahren, kann aber vielleicht auch Ta1—b1 spielen, den a-Bauer (Db6—a5† nebst Da5—a2:) aufgeben und dafür eine rasche Entwickelung mit Angriff zu erlangen suchen.

Schlussbemerkung.

Ausführlicher behandelt die verschiedenen Eröffnungen v. d. Lasa's „Leitfaden für Schachspieler“, am gründlichsten das „von Bilguer'sche Handbuch“.

Vierter Abschnitt.

Gespielte Partieen.

Nachdem der Schachjünger vielleicht mit einiger Mühe den vorhergehenden Abschnitt der Spieleröffnungen durchgearbeitet hat, wird er mit um so grösserer Befriedigung die nun folgenden Partieen nachspielen, welche wir mit besonderer Sorgfalt grossentheils aus hervorragenden Leistungen der mit den fünfziger Jahren dieses Jahrhunderts begonnenen neuen schachlichen Aera ausgewählt haben. Es mag hierbei angedeutet sein, dass wir bei dieser Auswahl weniger auf sogenannte musterhaft-correct geführte Spiele, als vielmehr auf glänzend-elegant gespielte Partieen Rücksicht genommen haben, denn nichts pflegt so lebhaft des Schachjüngers Phantasie und Eifer anzuspornen, wie schöne und feine Opfercombinationen, die man in diesen Partieen reichlich vertreten findet. Der Lernende begnüge sich indessen nicht mit dem Nachspielen allein, sondern er studire und analysire die Partieen (besonders auch die Schlussstellungen), lerne dieselben auswendig, was ihm in mehrfacher Hinsicht nützlich sein und Vergnügen bereiten wird. Oft wird er z. B. Gelegenheit haben, sie einem Schachfreunde, oder im Schachclub zu zeigen, und sich im Verein mit Anderen ihrer zu freuen!

Einige hübsche Vorgabe- und Blindlings-Partieen fügen wir bei.

Evans-Gambit.

(Gespielt zu Paris im Jahre 1858.)

	Paul Morphy Weiss	A. de Rivière Schwarz
1.	e2—e4	e7—e5
2.	Sg1—f3	Sb8—c6
3.	Lf1—c4	Lf8—c5
4.	b2—b4	Lc5—b4:
5.	c2—c3	Lb4—c5
6.	o—o	d7—d6

7. d2—d4 e5—d4:
8. c3—d4: Lc5—b6
9. Sb1—c3 Sg8—f6

Die beste Vertheidigung ist Sc6—a5; minder gut Lc8—g4, schwach die gewählte.

10. e4—e5 d6—d5
11. e5—f6: d5—c4:
12. f6—g7: Th8—g8
13. Tf1—e1† Lc8—e6
14. d4—d5 Dd8—f6
15. Lc1—g5 Df6—c3:
16. d5—e6: Dc3—d3
17. e6—f7‡ Ke8—f7:
18. Te1—e7† Kf7—g6

Auf Sc6—e7: verliert Schwarz die Dame.

19. Dd1—e1 Dd3—d5
20. Ta1—d1 Sc6—d4
21. Td1—d4: Lb6—d4:

Stand der Partie nach dem 21. Zuge:

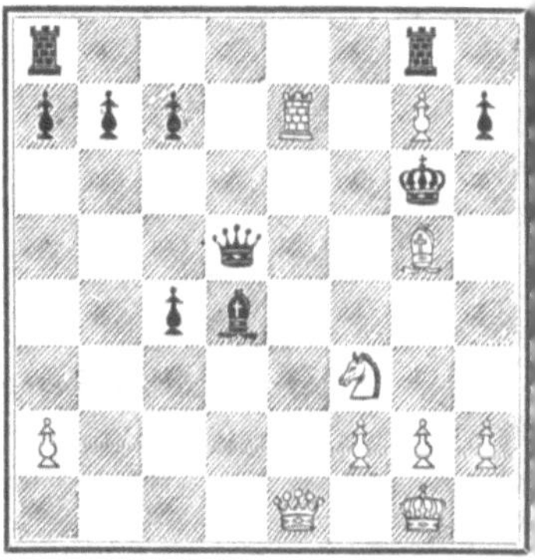

Weiss erzwingt in spätestens sechs Zügen das Mat, nämlich:

22. De1—b1† Dd5—f5
23. Sf3—h4† Kg6—g5:!
24. Db1—f5‡ Kg5—h6
25. g2—g4 Ld4—f2‡
26. Kg1—g2 beliebig
27. Df5—h5‡.

Evans-Gambit.

(Gespielt zu Paris im Jahre 1864.)

Ignaz Kolisch Weiss	P. Hirschfeld Schwarz
1. e2—e4	e7—e5
2. Sg1—f3	Sb8—c6
3. Lf1—c4	Lf8—c5
4. b2—b4	Lc5—b4:
5. c2—c3	Lb4—c5
6. o—o	d7—d6
7. d2—d4	e5—d4:
8. c3—d4:	Lc5—b6
9. Sb1—c3	Lc8—g4
10. Dd1—a4	Lg4—d7
11. Da4—b3	Sc6—a5
12. Lc4—f7‡	Ke8—f8
13. Db3—c2	

Weiss gibt seinen Königsläufer preis in der Aussicht auf einen sehr starken Angriff, welchen man nach einem Schachfreunde Mortimer, der diese Spielweise empfohlen hat, den Mortimer-Angriff zu nennen pflegt.

13.	Kf8—f7:
14. e4—e5	h7—h6
15. d4—d5	Ld7—g4

16. e5—e6† Lg4—e6:

Schwarz versucht sein Spiel durch Zurückgeben der Figur wieder freizumachen, was ihm jedoch nicht gelingt.

17. d5—e6‡ Kf7—e6:
18. Dc2—g6† Dd8—f6
19. Tf1—e1† Ke6—d7
20. Dg6—g4† Kd7—d8
21. Sc3—d5 Df6—f7
22. Lc1—g5†

Elegant und zugleich correct!

22. . . . . . h6—g5:
23. Sf3—g5: Df7—h5

Weiss kündigt Mat in fünf Zügen an, nämlich:

24. Sg5—e6† Kd8—d7
25. Se6—f8†† Kd7—c6
26. Sd5—b4† Kc6—b5 (oder c5)
27. a2—a4† (oder Sf8—d7†) nebst
28. Sf8—d7 oder a2—a4‡.

Evans-Gambit.

(Gespielt im Meisterturnier des Westdeutschen Schachbundes zu Barmen im August 1869.)

	Anderssen Weiss	J. H. Zukertort. Schwarz
1.	e2—e4	e7—e5
2.	Sg1—f3	Sb8—c6
3.	Lf1—c4	Lf8—c5
4.	b2—b4	Lc5—b4:
5.	c2—c3	Lb4—c5
6.	o—o	d7—d6
7.	d2—d4	e5—d4:
8.	c3—d4:	Lc5—b6
9.	d4—d5	Sc6—a5
10.	Lc1—b2	Sg8—e7
11.	Lc4—d3	o—o
12.	Sb1—c3	Se7—g6
13.	Sc3—e2	c7—c5
14.	Ta1—c1	Ta8—b8
15.	Dd1—d2	f7—f6
16.	Kg1—h1	Lb6—c7
17.	Se2—g3	b7—b5
18.	Sg3—f5	b5—b4?

Statt dessen hätte c5—c4 nebst Lc8—a6 und dann erst b5—b4 geschehen sollen.

19.	Tf1—g1	Lc7—b6
20.	g2—g4	Sg6—e5
21.	Lb2—e5:	d6—e5:
22.	Tg1—g3	Tf8—f7
23.	g4—g5	Lc8—f5:
24.	e4—f5:	Dd8—d5:

Dass Schwarz diesen Bauer nimmt ist sehr gewagt von ihm; er hätte weit besser gethan, den König in die Ecke zu ziehen, doch würde auch dann der Angriff des Weissen wahrscheinlich durchdringen.

25. g5—f6: Tb8—d8

Auf Tf7—f6: verlöre Schwarz durch Ld3—c4 die Dame.

26. Tc1—g1 Kg8—h8

Auf Dd5—d3: entscheidet Dd2—h6; das schwarze Spiel ist nicht mehr zu halten.

27. f6—g7‡ Kh8—g8
28. Dd2—h6 Dd5—d6

Weiss kündigt Mat in fünf Zügen an, nämlich:

29. Dh6—h7† Kg8—h7:
30. f5—f6† Kh7—g8
31. Ld3—h7† Kg8—h7:
32. Tg3—h3† Kh7—g8
33. Th3—h8 ‡.

Italiänische Partie.

(Aus einem im Jahre 1861 gespielten Wettkampf.)

Ignaz Kolisch	Louis Paulsen
Weiss	Schwarz
1. e2—e4	e7—e5
2. Sg1—f3	Sb8—c6
3. Lf1—c4	Lf8—c5
4. o—o	Sg8—f6
5. b2—b4	Lc5—b4:
6. c2—c3	Lb4—e7
7. d2—d4	e5—d4:
8. c3—d4:	Sf6—e4:

Hierdurch gewinnt Schwarz zwar einen zweiten Bauer, setzt sich aber einem sehr heftigen Angriffe aus, den sein in glänzenden Attaquen so erfahrener Gegner mit entscheidender Energie ausbeutet.

9. d4—d5 Sc6—a5
10. Lc4—d3 Se4—c5
11. Lc1—a3 Sc5—d3:
12. Dd1—d3: o—o
13. d5—d6 c7—d6:

Besser wäre Le7—d6:, worauf es sehr fraglich ist, ob Weiss den Angriff (nach La3—d6:, c7—d6:) hätte durchführen können.

14. Sb1—c3 b7—b6
15. Sc3—d5 Sa5—b7?

Schwarz hätte den Damenläufer entwickeln und nöthigenfalls die Qualität geben sollen. Nach 15. ....., Lc8—b7 16. Sd5—e7‡, Dd8—e7: 17. La3—d6:, De7—e4 18. Dd3—e4:, Lb7—e4: 19. Ld6—f8:, Ta8—f8: hätte er für die Qualität zwei Bauern und ein gutes Spiel gehabt.

16. La3—b2 Sb7—c5
17. Dd3—e3 Sc5—e6
18. Sf3—d4 Le7—f6
19. Sd4—c6

Ein eleganter und entscheidender Zug.

19. ..... d7—c6:
20. Sd5—f6‡ g7—f6:
21. De3—h6 d6—d5
22. Lb2—f6: Dd8—d6
23. f2—f4 Tf8—e8
24. Tf1—f3 Aufgegeben.

Italiänische Partie.

(Gespielt im internationalen Schachturnier zu Paris 1867.)

S. Loyd	S. Rosenthal
Weiss	Schwarz
1. e2—e4	e7—e5
2. Sg1—f3	Sb8—c6
3. Lf1—c4	Lf8—c5
4. d2—d3	Sg8—f6
5. Lc1—e3	Le5—b6
6. Sb1—c3	d7—d6

7. h2—h3 Sc6—a5

8. Lc4—b3 Sa5—b3:

Der Läufer könnte sich auch auf c4 schlagen lassen, da die Bauernstellung für Weiss dann durchaus nicht ungünstig wäre.

9. a2—b3: Lc8—e6

10. Sc3—b5 Lb6—e3:

11. f2—e3: c7—c6

Etwas besser wäre a7—a6.

12. Sb5—c3 Dd8—c7

13. g2—g4 a7—a6

14. d3—d4 o—o—o

15. d4—d5 Le6—d7

Der Führer der Weissen, einer der bedeutendsten Problemcomponisten, spielt die Partie in ebenso glänzendem wie originellem Stile.

16. g4—g5 Sf6—e8

Besser wäre Sf6—g8.

17. Sf3—d2 c6—c5

18. Sd2—c4 h7—h6

19. Dd1—h5 Th8—f8

Schwarz hätte g7—g6 spielen sollen.

20. g5—h6: Tf8—h8?

21. h6—g7: Th8—h5:

22. g7—g8D Th5—h3:

23. Th1—h3: Ld7—h3:

24. Sc3—b5

Ein eleganter und kräftiger Zug.

24. . . . . Dc7—e7

Auf a6—b5: wäre natürlich das verderbenbringende Thurmschach gefolgt.

25. Dg8—h7 Lh3—g4

26. Sb5—a7† Kc8—b8

27. Ta1—a6: Se8—c7

28. Ta6—a5 De7—f6

29. Dh7—h1 Td8—h8

30. Dh1—f1 Lg4—f3

31. Sc4—b6 Df6—h4†

32. Ke1—d2 Dh4—g4

Schwarz steht im Nachtheil, sein letzter Zug aber gestattet einen, ganz des berühmten Problemdichters würdigen brillanten Schluss.

33. Df1—f3: Dg4—f3:

Hierauf setzt Weiss in drei Zügen mat, nämlich:

34. Sb6—d7† Kb8—a8

35. Sa7—c6† Sc7—a6

36. Sd7—b6 ‡.

Italiänische Partie.

(Gespielt zu Leipzig im Jahre 1865.)

Dr. E. v. Schmidt	J. Minckwitz
Weiss	Schwarz
1. e2—e4	e7—e5
2. Sg1—f3	Sb8—c6
3. Lf1—c4	Lf8—c5
4. c2—c3	Sg8—f6
5. d2—d4	e5—d4:
6. e4—e5	d7—d5
7. Lc4—b5	Sf6—e4
8. c3—d4:	Lc5—b4†

Der schwarze Läufer könnte ebensogut nach b6 zurückgehen.

9. Lc1—d2 Dd8—e7
10. o—o o—o
11. Lb5—c6: b7—c6:
12. Dd1—a4

Durch diesen Zug glaubt Weiss einen Bauer zu gewinnen, zieht jedoch die durch Preisgeben der Qualität von Schwarz für ihn entstehenden übeln Folgen nicht gebührend in Berücksichtigung.

12. ..... Lb4—d2:
13. Da4—c6: Ld2—f4!
14. Dc6—a8: Lc8—g4
15. Da8—d5: Lg4—f3:
16. Dd5—b3

Auf g2—f3: entscheidet ebenfalls De7—h4.

16. ..... De7—h4
17. g2—g3 Se4—g5

Aufgegeben.

Laufer-Gambit.

(Gespielt zu Leipzig im Jahre 1865.)

J. Minckwitz Weiss	Dr. E. v. Schmidt Schwarz
1. e2—e4	e7—e5
2. f2—f4	e5—f4:
3. Lf1—c4	Dd8—h4†
4. Ke1—f1	Sb8—c6

Eine gute und sichere Vertheidigung.

5. d2—d4 g7—g5
6. Sb1—c3 Sg8—e7
7. Sc3—b5? Ke8—d8
8. Lc4—f7:?

Dieser Zug gewinnt zwar den geopferten Bauer zurück, verschafft aber dem Nachziehenden eine sich trefflich zum Gegenangriff eignende offene Thurmlinie. Weiss sollte das Spiel mit Sg1—f3 und h2—h4 fortsetzen.

8. ..... Lf8—g7
9. Sg1—f3 Dh4—h6
10. c2—c3 a7—a6
11. Sb5—a3 Th8—f8
12. Lf7—c4 g5—g4
13. Sf3—e1 d7—d6
14. Lc4—e2 Dh6—h5
15. Sa3—c2 f4—f3

Weiss steht sehr beengt und kann dem überwiegenden Angriff von Schwarz nicht mehr widerstehen.

16. g2—f3: g4—f3:
17. Se1—f3: Lc8—h3†
18. Kf1—f2 Dh6—h4†
19. Kf2—e3

Schwarz kündigt Mat in fünf Zügen an. Dieses erfolgt in eleganter Weise durch:

19. ..... Lg7—h6†
20. Sf3—g5 Lh6—g5‡
21. Ke3—d3 Dh4—e4‡
22. Kd3—e4: d6—d5†
23. Ke4—d3 Lh3—f5 ‡.

Flügel-Gambit gegen Laufer-Gambit.

(Gespielt zu London im Jahre 1851.)

	Anderssen Weiss	Kieseritzky Schwarz
1.	e2—e4	e7—e5
2.	f2—f4	e5—f4:
3.	Lf1—c4	Dd8—h4†
4.	Ke1—f1	b7—b5
5.	Lc4—b5:	Sg8—f6
6.	Sg1—f3	Dh4—h6
7.	d2—d3	Sf6—h5
8.	Sf3—h4	Dh6—g5
9.	Sh4—f5	c7—c6

Die hier von beiden Seiten gemachten letzten Züge sind etwas ungewöhnlich, die ganze Partie aber, die in der Schachwelt den Namen der **unsterblichen** führt, ist überaus lebhaft und elegant.

10.	g2—g4	Sh5—f6
11.	Th1—g1	

Von diesem Thurmzuge an ist die Partie von Weiss ausserordentlich fein und elegant gespielt.

11.	.....	c6—b5:
12.	h2—h4	Dg5—g6
13.	h4—h5	Dg6—g5
14.	Dd1—f3	Sf6—g8

Der Springer muss zurück, um der Dame Platz zu machen.

15.	Lc1—f4:	Dg5—f6
16.	Sb1—c3	Lf8—c5
17.	Sc3—d5	Df6—b2:
18.	Lf4—d6	Lc5—g1:

Nimmt Schwarz den Läufer, so setzt Weiss in vier Zügen mat, durch 19. Sf5—d6‡ 20. Sd6—f7† etc.

19. e4—e5

Der entscheidende Zug, durch welchen die schwarze Dame abgesperrt wird.

19.	.....	Db2—a1‡
20.	Kf1—e2	Sb8—a6

Weiss setzt hierauf in drei Zügen mat. Auch andere Züge konnten die schwarze Partei nicht mehr retten.

Springerspiel des Ruy Lopez.

(Freie Partie vom Westdeutschen Schachcongress zu Düsseldorf im Jahre 1862.)

	A. Schlieper Weiss	M. Lange Schwarz
1.	e2—e4	e7—e5
1.	Sg1—f3	Sb8—c6
3.	Lf1—b5	Sg8—f6
4.	d2—d4	e5—d4:
5.	e4—e5	Sf6—e4
6.	o—o	Lf8—e7
7.	Sf3—d4:	Sc6—d4:
8.	Dd1—d4:	Sc4—c5
9.	Sb1—d2	o—o
10.	Lb5—c4	Kg8—h8

11. Sd2—f3 b7—b6
12. a2—a3 Lc8—b7
13. b2—b4 f7—f6
14. b4—c5: Le7—c5:

Schwarz bringt ein Opfer, welches vielleicht nicht ganz correct ist, indessen doch zum Ziele führt.

15. Dd4—c3 f6—e5:
16. Lc1—g5 Dd8—e8
17. Sf3—e5: Tf8—f5!

Der Leiter der Schwarzen, ei ebenso ausgezeichneter Theore tiker, wie Practiker, setzt di Partie in kühnem und höchs eleganten Style fort.

18. Ta1—e1 Tf5—g5:
19. Se5—f7† De8—f7:
20. Lc4—f7:

Schwarz giebt in spätesten sieben Zügen Mat, durch 20. . . . Tg5—g2‡ 21. Kg1—h1 Tg2—f2‡ etc.

Springerspiel des Ruy Lopez.

(Gespielt zu Berlin im Jahre 1865.)

G. R. Neumann Weiss	Anderssen Schwarz
1. e2—e4	e7—e5
2. Sg1—f3	Sb8—c6
3. Lf1—b5	d7—d6
4. Lb5—c6‡	b7—c6:
5. d2—d4	e5—d4:
6. Sf3—d4:	c6—c5
7. Sd4—f3	g7—g6
8. o—o	Lf8—g7
9. Sb1—c3	Sg8—e7
10. e4—e5	o—o
11. Lc1—g5	f7—f6
12. e5—f6:	Lg7—f6:
13. Lg5—f6:	Tf8—f6:
14. Tf1—e1	Lc8—b7
15. Sf3—g5	Dd8—d7
16. Sc3—e4	Tf6—f5
17. Dd1—d3	Ta8—f8

Die Stellung von Schwarz verdient jetzt den Vorzug.

18. Ta1—d1 Se7—d5
19. Dd3—h3

Ein schwacher Zug; besse war Dd3—b3 oder g3.

19. . . . . . Sd5—f4
20. Dh3—b3† Lb7—d5
21. c2—c4

Stand der Partie nach dem 21. Zuge von Weiss:

21. . . . . .   Tf5—g5:

Eine elegante und entscheidende Combination.

22. Se4—g5:   Dd7—g4
23. Db3—g3

Auf g2—g3 gewinnt Schwarz durch Dg4—g5: (c4—d5:) Sf4—h3† etc.

23. . . . . .   Dg4—d1:
24. Te1—d1:   Sf4—e2†
25. Kg1—h1   Se2—g3‡
26. f2—g3:   Ld5—c4:
27. b2—b3   Lc4—d5
28. Sg5—h3   Ld5—e4
29. Td1—e1   d6—d5
20. Kh1—g1   Tf8—f6
31. Te1—c1   Tf6—c6
32. Sh3—g5   Le4—d3
33. Kg1—f2   c5—c4
34. Kf2—e3   c4—b3:

Aufgegeben.

Springerspiel des Ruy Lopez.

(Gespielt im internationalen Schachturnier zu Paris 1867.)

G. R. Neumann   Ignaz Kolisch
Weiss   Schwarz

1. e2—e4   e7—e5
2. Sg1—f3:   Sb8—c6
3. Lf1—b5   Sg8—f6
4. o—o   Lf8—e7
5. Sb1—c3   d7—d6
6. d2—d4   e5—d4:
7. Lb5—c6‡   b7—c6:
8. Sf3—d4:   Lc8—d7
9. Dd1—d3   o—o
10. f2—f4   Ta8—b8
11. b2—b3   c6—c5
12. Sd4—f3   Ld7—c6
13. Tf1—e1

Etwas besser wäre wohl sofort Sc3—d5.

13. . . . . .   Tf8—e8
14. Sc3—d5   Sf6—d5:
15. c4—d5:   Le7—f6
16. Te1—e8†   Lc6—e8:
17. Ta1—b1   Le8—d7
18. Lc1—d2   Dd8—c8

Um c2—c4 zu hindern.

19. Tb1—e1   Ld7—f5
20. Dd3—c4   Dc8—d7
21. c2—c3   Tb8—e8
22. h2—h3   Te8—e1‡
23. Sf3—e1:   Dd7—e8

Beide Theile spielen durchaus musterhaft.

24. g2—g4   Lf5—d7
25. a2—a4   c7—c6
26. Kg1—f1   h7—h6
27. Dc4—a6   c6—d5:
28. Da6—d6:   d5—d4
29. c3—c4   Ld7—c6
30. Dd6—c5:   De8—e4

Schwarz hat mit Opfer einiger Bauern auf feine Weise einen Angriff vorbereitet.

31. Dc5—d6   Lf6—h4
32. Dd6—b8†   Kg8—h7
33. Db8—e5   De4—h1+

34. Kf1—e2 Lc6—e4
35. De5—d4:

Weiss hat nun zwei Bauern mehr und wird dem Angriff bei richtigem Gegenspiele trotzen können; der nächste Zug seines Gegners ist ausserordentlich fein, würde aber höchstens zum Remis führen.

35. ..... f7—f5

Die verborgene Absicht dieses Zuges ist, den Läufer zu decken, oder, bei g4—f5:, das feindliche Schach zu hindern.

36. g4—f5: (?)

Dd4—e3 hätte geschehen sollen. Nun folgt ein höchst interessantes Schlussspiel.

36. ..... Dh1—h2†
37. Ke2—d1 Lh4—e1:
38. Kd1—e1: Dh2—h1†
39. Ke1—e2 Dh1—f3†
40. Ke2—e1 Le4—d3

Aufgegeben.

Springerspiel des Ruy Lopez.

(Gespielt im Meisterturnier des Westdeutschen Schachbundes zu Barmen im August 1869.)

	J. H. Zukertort Weiss	J. Minckwitz Schwarz
1.	e2—e4	e7—e5
2.	Sg1—f3	Sb8—c6
3.	Lf1—b5	a7—a6
4.	Lb5—a4	Sg8—f6
5.	d2—d3	d7—d6
6.	La4—c6†	b7—c6:
7.	h2—h3	g7—g6
8.	Sb1—c3	Lf8—g7
9.	Lc1—g5	h7—h6
10.	Lg5—e3	o—o
11.	Dd1—d2	Kg8—h7
12.	g2—g4	d6—d5
13.	Le3—c5	

Dieser Zug ist nur scheinbar gut, wie der spätere Verlauf der Partie beweist.

13. ..... Tf8—e8
14. o—o—o a6—a5
15. Th1—g1 Sf6—d7
16. Lc5—a3

Nun muss der Läufer hierher zurück, wo er nicht besonders gut steht.

16. ..... Sd6—b6
17. h3—h4 Lc8—e6
18. h4—h5 g6—g5

Hiermit ist dem Angriff des Anziehenden auf den Königsflügel die Spitze abgebrochen, und Schwarz nimmt nun seinerseits energisch den Angriff auf.

19. Kc1—b1 a5—a4
20. Sf3—h2 Sb6—d7

Der schwarze Springer ging nur nach b6, um den Läufer durchzulassen.

21. f2—f3 Dd8—b8
22. Kb1—a1 Db8—b6
23. Sc3—e2 d5—d4
24. Sh2—f1 Lg7—f8

Dieser Läuferzug verschafft dem schwarzen Spiele das Uebergewicht.

25. La3—f8: Te8—f8:
26. a2—a3 Sd7—c5

Der Springer ist von hier aus sehr wirksam.

27. Td1—b1 Tf8—b8
28. Se2—c1 Ta8—a5
29. c2—c4

Auf Sc1—a2 entscheidet Le6—a2: nebst Ta5—b5, auf die meisten übrigen besseren Gegenzüge ebenfalls Ta5—b5.

29. ..... d4—c3:
30. Dd2—c3: Db6—a7

Dieser entscheidende Zug führt die schwarze Partei zum Siege. Es ist ein wohlberechneter Tempogewinn damit verbunden: Der Thurm auf b1 kann nicht ziehen und es droht: 31. ....., Sc5—b3† 32. Sc1—b3:, a4—b3: 33. Tb1∼, Ta5—a3‡ 34. b2—a3:, Da7—a3‡ etc.

Ausserdem ist der Thurm g1 indirect bedroht.

31. Tg1—g2

Der beste Gegenzug! Man beachte die folgende hübsche Variante: 31. Sf1—d2, Sc5—b3† 32. Sd2—b3:!, a4—b3: 33. Tg1—g2, Ta5—a3‡ 34. b2—a3:, Da7—a3‡ 35. Sc1—a2, b3—a2: und Schwarz gewinnt.

31. ..... Sc5—b3†
32. Sc1—b3: Tb8—b3:

Jetzt wäre der Zug a4—b3: sogar schlecht.

33. Dc3—c2 Da7—d4
34. Tb1—d1 Ta5—c5

Aufgegeben.

Damenspringerspiel.

(Schachcongress zu New-York 1857.)

Louis Paulsen	Paul Morphy
Weiss	Schwarz
1. e2—e4	e7—e5
2. Sb1—c3	Sb8—c6
3. Sg1—f3	Lf8—c5
4. Lf1—b5	Sg8—f6
5. o—o	o—o
6. Sf3—e5:	Tf8—e8

Der Thurmzug ist stärker als Sc6—e5:, da Schwarz durch denselben seine Entwickelung beschleunigt und die e-Linie besetzt.

7. Se5—c6: d7—c6:
8. Lb5—c4 b7—b5

Schwarz muss erst diesen Zug thun, um das Läuferopfer auf f7 zu hindern, welches nach Sf6—e4: erfolgen würde.

9. Lc4—e2! Sf6—e4:
10. Sc3—e4: Te8—e4:

Schwach wäre 10. Le2—f3 wegen Se4—f2: 11. Tf1—f2:, Dd8—d4 12. Sc3—e4, Te8—e4: oder 12. Dd1—f1, Dd4—f2‡ nebst 13. Te8—e1 ‡.

11. Le2—f3 Te4—e6

12. c2—c3?

Ein entscheidender Fehler von Weiss, der vom Gegner energisch ausgebeutet wird. Der richtige Zug wäre d2—d3.

12. ..... Dd8—d3

Hierdurch hindert Schwarz die Entwickelung des Weissen.

13. b2—b4 Lc5—b6
14. a2—a4 b5—a4:
15. Dd1—a4: Lc8—d7
16. Ta1—a2

Weit besser wäre hier sofort Da4—a6.

16. ..... Ta8—e8

Dieser einfache Thurmzug bildet die Vorbereitung zu eine überaus glänzenden Opfer-Combination.

17. Da4—a6

Statt dessen sollte Da4—d geschehen, theils um das drohend zweizügige Mat, theils um da entscheidende Damenopfer abzuwenden.

17. ..... Dd3—f3:!
18. g2—f3: Te6—g6†
19. Kg1—h1 Le6—h3
20. Tf1—d1

Auch der Zug 20. Da6—d3 gleicht das Spiel nicht aus. Schwarz antwortet darauf 20..... f7—f5 21. Dd3—c4†, Kg8—f8 etc.

20. ..... Lh3—g2†
21. Kh1—g1 Lg2—f3‡
22. Kg1—f1 Lf3—g2†
23. Kf1—g1 Lg2—h3†
24. Kg1—h1 Lb6—f2:
25. Da6—f1 Lh3—f1:
26. Td1—f1: Te8—e2
27. Ta2—a1 Tg6—h6
28. d2—d4 Lf2—e3

Aufgegeben.

Französisches Springerspiel.

(Gespielt zu Paris im Jahre 1858.)

Paul Morphy Weiss	Herzog von Braunschweig und Graf Isouard Schwarz
1. e2—e4	e7—e5
2. Sg1—f3	d7—d6
3. d2—d4	Lc8—g4
4. d4—e5:	Lg4—f3:
5. Dd1—f3:	d6—e5:
6. Lf1—c4	Sg8—f6

Besser wäre Dd8—d7. Schwarz

vertheidigt sich schwach und giebt dadurch dem genialen Gegner Gelegenheit, eine Partie in seinem glänzendsten Style zu gewinnen.

7. Df3—b3 Dd8—e7

Um auf Db3—b7: mit De7—b4† antworten zu können.

8. Sb1—c3 c7—c6

9. Lc1—g5 b7—b5

10. Sc3—b5: c6—b5:

11. Lc4—b5‡ Sb8—d7

12. o—o—o Ta8—d8

13. Td1—d7: Td8—d7:

14. Th1—d1 De7—e6

15. Lb5—d7‡ Sf6—d7:

16. Db3—b8† Sd7—b8:

17. Td1—d8 ‡

Diese höchst elegante Partie wurde während der Aufführung des „Barbier von Sevilla" in der Italiänischen Oper gespielt.

Unregelmässige Eröffnung.

(Aus dem berühmten, im Jahre 1858 zu Paris ausgefochtenen Wettkampfe, in welchem Morphy mit sieben Gewinn- zu zwei Verlustpartieen bei zwei Remisen Sieger blieb.)

Anderssen Schwarz	Paul Morphy Weiss

1. a7—a6 e2—e4

M. Lange sagt im Morphy-Buche von dieser Partie, dass sie die gediegenste und für den Kenner interessanteste des ganzen Wettkampfes sei. Wir recapituliren daher, obwohl sie sehr lang ist, dieselbe hier, indem wir hinsichtlich der übrigen Match-Partieen des transatlantischen Meisters auf das soeben erwähnte Werk verweisen.

2. c7—c5 Sg1—f3

3. Sb8—c6 d2—d4

4. c5—d4: Sf3—d4:

5. e7—e6 Lc1—e3

6. Sg8—f6 Lf1—d3

7. Lf8—e7 o—o

8. o—o Sd4—c6:

Weiss sollte lieber c2—c4 nebst Sb1—c3 wählen.

9. b7—c6: f2—f4

10. d7—d5 e4—e5

11. Sf6—d7 Tf1—f3

12. f7—f5 Tf3—h3

Der Thurm nimmt hier keine glückliche Stellung ein.

13. g7—g6! Sb1—d2

14. Sd7—c5 Le3—c5:

15. Le7—c5‡ Kg1—h1

16. Ta8—a7 Dd1—e2

17. a6—a5 Sd2—f3

18. Dd8—b6 b2—b3

19. Lc5—e3 Ta1—e1

20. Le3—c5

Schwarz hat die bessere Stellung; den f-Bauer durfte er nicht nehmen; der Läuferzug bezweckte aber, den Gegner zu g2—g3 zu verleiten.

20. ..... Sf3—g5
21. Ta7—g7 Te1—b1
22. Lc5—e7 Sg5—f3
23. c6—c5 c2—c3
24. Lc8—b7 De2—f2
25. Db6—c7 Ld3—e2
26. Lb7—c6 Tb1—g1
27. Tf8—a8 g2—g4
28. f5—g4: Tg1—g4:
29. a5—a4 Le2—d3
30. a4—b3: a2—b3:
31. Ta8—a1† Tg4—g1
32. Dc7—a5 Tg1—a1:
33. Da5—a1‡ Df2—e1
34. Da1—e1‡

Hierzu bemerkt das Morphy-Buch: „Bis hierher hat Schwarz mit consequenter Energie das Spiel fortgesetzt. Jetzt lässt er einen Augenblick nach und statt durch Da1—b2 den Angriff, welcher sofort zum Gewinn eines Bauern geführt haben würde, entscheidend zu verstärken, zieht er den Damentausch vor und erleichtert damit wesentlich die gedrückte Stellung des Gegners. Obschon nun diese Versäumniss bei der gediegenen Anlage des schwarzen Spieles keineswegs den Sieg aus der Hand giebt, so ist doch dieser nun ziemlich in die Ferne gerückt, und Schwarz hat grosse Anstrengung nöthig, um ihn endlich zu erringen. Man sieht übrigens, wie sofort nach dem Damentausch Schwarz seinen Fehler erkennt und dann ohne Unterbrechung mit der früheren Energie das Endspiel führt.“

34. ..... Sf3—e1:
35. c5—c4 Ld3—c2
36. Le7—c5 Kh1—g2

Diese Lauferstellung, von der sich Schwarz zu Viel des augenblicklichen Vortheils versprach, gab wohl das eigentliche Motiv zum Damentausch. Denn geschähe jetzt ein anderer Zug von Weiss, so würde 37. Tg7—a7 von entscheidendem Einfluss sein.

37. c4—b3: Lc2—b3:
38. Tg7—b7 Lb3—c2
39. Tb7—b2 Kg2—f3
40. Lc6—b5 Th3—g3
41. Lb5—f1 h2—h4
42. Kg8—f7 h4—h5

Dieses Manöver von Weiss fällt zu Gunsten des Gegners aus, da der Bauer g6 später auf h2 eine drohende Stellung einnimmt. Morphy hat aber keinen andern Weg, um seine Figuren zur Thätigkeit und namentlich den so lange schon unthätigen Thurm zur Wirksamkeit zu bringen.

43. g6—h5: Tg3—g5
44. h5—h4 Tg5—h5
45. h4—h3 Th5—h7‡
46. Kf7—g8 Th7—h6
47. Lc5—f8 Th6—g6†
48. Kg8—f7 Tg6—g5
49. Lf8—c5 Tg6—h5
50. Lc5—g1 Lc2—d3
51. Lf1—d3: Se1—d3:
52. Tb2—d2 Sd3—e1

53. h3—h2 Kf3—g4
54. Td2—e2 Se1—d3
55. Te2—e3 Sd3—c5
56. Te3—c3: Sc5—d7
57. Kf7—e7 Th5—h7†
58. Ke7—d8 Sd7—f6
59. Tc3—c2 Kg4—g3
60. d5—d4 f4—f5

Ein interessanter letzter Versuch von Weiss.

61. e6—f5: e5—e6
62. Tc2—e2 e6—e7†
63. Te2—e7: Th7—h8†
64. Kd8—c7 Sf6—d5†
65. Kc7—d7 Sd5—e7:
66. Kd7—e7: Kg3—g2
67. Ke7—f6 Th8—d8
68. Kf6—e5 Td8—e8†
69. Ke5—f4 Te8—d8
70. Lg1—e3 Td8—d5
71. Kf4—e4 Td5—d8
72. f5—f4 Td8—h8
73. f4—f3† Kg2—h2:
74. Ke4—d3 Th8—a8
75. Kd3—e2 Ta8—a2†
76. Le3—d2 Aufgegeben.

Diese Partie wurde am 27. December 1858 gespielt und dauerte ca. 6 Stunden.

Holländische Eröffnung.

(Aus einem 1858 zu Paris ausgefochtenen Wettkampfe, in welchem Morphy mit 5 gegen 2 Partieen Sieger blieb.)

D. Harrwitz — Paul Morphy
Weiss — Schwarz

1. d2—d4 f7—f5
2. c2—c4 e7—e6
3. Sb1—c3 Sg8—f6
4. Lc1—g5 Lf8—b4
5. Dd1—b3 c7—c5
6. d4—d5 e6—e5
7. e2—e3 o—o
8. Lf1—d3 d7—d6
9. Sg1—e2 h7—h6
10. Lg5—f6: Dd8—f6:
11. a2—a3 Lb4—c3†
12. Db3—c3: Sb8—d7
13. o—o Df6—g6
14. b2—b4

In diesem Zuge (bemerkt hier das Morphy-Buch), welcher dem schwachen Punkte c4 die natürliche Stütze entzieht, liegt der ursprüngliche Grund des Verlustes; man vergleiche den 17. Zug.

14. ..... b7—b6
15. f2—f3 h6—h5
16. Ld3—c2 Lc8—b7
17. Lc2—a4 Dg6—f7

Der mit diesem Zuge von Weiss beabsichtigte Tausch ist nachtheilig, da nun der Punkt c4 unhaltbar wird.

18. La4—d7: Df7—d7:
19. b4—c5: b6—c5:

Besser war b4—b5.

20. f3—f4 e5—e4
21. Ta1—b1 Lb7—a6

Hiermit leitet Schwarz bereits

seinen Angriff auf den schwachen Punkt c4 ein. Der weisse Springer steht schlecht.

22.	Tf1—c1	Dd7—a4
23.	Se2—g3	h5—h4
24.	Sg3—f1	Ta8—b8
25.	Sf1—d2	Tb8—b6
26.	Tb1—b6:	a7—b6:
27.	Dc3—b3	Da4—b3:
28.	Sd2—b3:	b6—b5

Dieser Zug von Schwarz entscheidet das Spiel.

29.	c4—b5:	La6—b5:
30.	Sb3—a5	Tf8—a8
31.	Sa5—b7	Ta8—a6
32.	Tc1—c3	Kg8—f8
33.	Sb7—d8	Lb5—d7
34.	Tc3—b3	Kf8—e7
35.	Tb3—b8	c5—c4
36.	Kg1—f2	c4—c3
37.	Kf2—e2	Ta6—a3:
38.	Sd8—c6†	Ld7—c6:
39.	d5—c6:	c3—c2
40.	Ke2—d2	Ta3—c3

Eine schöne energische Combination von Schwarz.

41.	Kd2—c1	Tc3—c6:
42.	Tb8—b3	Ke7—f6
43.	Tb3—a3	g7—g5
44.	g2—g3	h4—g3:
45.	h2—g3:	g5—f4:
46.	g3—f4:	Kf6—g6
47.	Ta3—a5	Tc6—c5

und Schwarz gewinnt.

Holländische Eröffnung.

(Gespielt im Schachturnier zu Wiesbaden im Jahre 1871.)

	Dr. Carl Göring	J. Minckwitz
	Weiss	Schwarz
1.	d2—d4	f7—f5
2.	e2—e4	f5—e4:
3.	Sb1—c3	Sg8—f6
4.	Lc1—g5	e7—e6
5.	Lg5—f6:	Dd8—f6:
6.	Sc3—e4:	Df6—g6
7.	Lf1—d3	Dg6—g2:

Schwarz sollte von diesem Einbruch in den Königsflügel des Weissen, wodurch seine Dame dem Schutze des eigenen Spieles entzogen wird, absehen.

8.	Dd1—h5†	g7—g6
9.	Dh5—e5!	

Einleitung zu einer sehr kühnen und tiefliegenden Opfer-Combination.

9. ..... Dg2—h1:
10. De5—h8: Dh1—g1‡
11. Ke1—d2! Dg1—a1:?

Den zweiten Thurm hätte Schwarz nicht nehmen, sondern lieber Dg1—h2: spielen sollen.

12. Se4—f6† Ke8—f7
13. Dh8—g8† Kf7—f6:

Der entscheidende Fehlzug von Schwarz, der den Springer keinenfalls hätte nehmen sollen; weit besser war Kf7—e7.

14. Dg8—f8‡ Kf6—g5
15. f2—f4† Kg5—g4!
16. Ld3—e2† Kg4—h3
17. Df8—h6† Kh3—g2
18. Dh6—g5† Kg2—h2:
19. Le2—f3!

Ein feiner Zug.

19. ..... Da1—f1

Weiss setzt in drei Zügen mat.

Sicilianische Eröffnung.

(Gespielt zu Leipzig im Jahre 1861.)

A. Saalbach Weiss	H. Pollmächer Schwarz
1. e2—e4	c7—c5
2. Sg1—f3	e7—e6
3. Sb1—c3	Sg8—e7
4. d2—d4	f7—f5?

Besser war c5—d4:; Schwarz vertheidigt sich in dieser Partie etwas bizarr.

5. d4—d5 f5—e4:
6. Sc3—e4: Se7—d5:
7. Sf3—e5 g7—g6

Schwarz ist nun verloren.

8. Dd1—f3 Dd8—c7
9. Df3—f7† Ke8—d8
10. Lc1—g5† Sd5—e7

Auf Lf8—e7 gewinnt Weiss durch Lg5—e7‡ nebst Df7—g7.

Weiss setzt in drei Zügen mat:

11. Df7—e8† Kd8—e8:
12. Se4—f6† Ke8—d8
13. Se5—f7 ‡.

Zweispringerspiel im Nachzuge.

(Gespielt zu Paris im Jahre 1864.)

P. Hirschfeld Weiss	Ignaz Kolisch Schwarz
1. e2—e4	e7—e5
2. Sg1—f3	Sb8—c6
3. Lf1—c4	Sg8—f6
4. Sf3—g5	d7—d5
5. e4—d5:	Sc6—a5
6. Lc4—b5†	c7—c6
7. d5—c6:	b7—c6:
8. Lb5—e2	h7—h6
9. Sg5—f3	e5—e4
10. Sf3—e5	Dd8—d4
11. f2—f4	Lf8—c5
12. Th1—f1	Dd4—d6

Die schwarze Dame muss zurückgehen, da Weiss mit c2—c3 und b2—b4 droht.

13. c2—c3 Sa5—b7
14. Dd1—a4 Sb7—d8
15. b2—b4 Lc5—b6
16. Sb1—a3 Lc8—e6
17. Sa3—c4 Le6—c4:
18. Le2—c4: o—o
19. Lc1—a3 Sf6—d5
20. b4—b5 c6—c5
21. g2—g3 Kg8—h7
22. o—o—o f7—f5
23. Da4—b3 Sd5—f6
24. d2—d4 Dd6—c7

Die Stellung von Weiss beginnt überwiegend zu werden.

25. Lc4—e6 g7—g6
26. g3—g4! Sd8—e6:
27. Db3—e6: f5—g4:

Besser wäre Ta8—e8.

28. f4—f5

Hiermit leitet Weiss eine glanzvolle Opfer-Combination ein, die zu einem eleganten und schwierigen Mat führt.

28. ..... g6—g5!
29. d4—c5: Ta8—e8
30. Td1—d7†

Vortrefflich! Auf Dc7—d7 gewinnt Weiss durch 31. Sc5—d7:, Te8—e6: 32. Sd7—f8‡ nebst Sf8—e6:

30. ..... Sf6—d7:
31. De6—g6† Kh7—h8
32. Dg6—h6‡ Kh8—g8
33. Dh6—g5‡ Kg8—h7!
34. Dg5—h5† Kh7—g7
35. Dh5—g4‡ Kg7—f6
36. Dg4—g6† Kf6—e5:
37. Dg6—g7† Tf8—f6

Weiss kündigt Mat in sechs Zügen an:

38. Dg7—g3† Ke5—d5
39. c3—c4† Kd5—c4:
40. Dg3—b3† Kc4—d4
41. Tf1—d1† Kd4—e5
42. Td1—d5† Ke5—f4
43. Db3—g3 ‡.

Fianchetto di Donna.

(Aus dem grossen Schachturnier zu London im Jahre 1862.)

Louis Paulsen Weiss	Owen Schwarz
1. e2—e4	b7—b6
2. g2—g3	e7—e6

Weiss setzt unregelmässig fort.

3. Lf1—g2 Lc8—b7
4. Sb1—c3 f7—f5
5. Sg1—e2 Sg8—f6
6. d2—d3 Lf8—b4
7. o—o Lb4—c3:
8. Se2—c3: f5—e4:
9. Sc3—e4: Sf6—e4:
10. Dd1—h5†

Eine interessante Fortsetzung.

10. ..... g7—g6
11. Dh5—e5 o—o
12. d3—e4: Sb8—c6
13. De5—c3 e6—e5

14. Lc1—h6 Tf8—f7
15. f2—f4 Lb7—a6?
Besser wäre Dd8—e7.
16. f4—e5:
Vortrefflich gespielt!
16. ..... La6—f1:
17. Ta1—f1: Dd8—e7
18. Tf1—f7: De7—f7:
19. e5—e6!
Jetzt wird die Feinheit des 16. Zuges sichtbar.

19. ..... Df7—e7
20. e6—d7: Sc6—e5
21. Lg2—h3 g6—g5
22. Dc3—c7: g5—g4

Auf Ta8—d8 entscheidet Lh3—e6†, auf De7—c5† aber Dc7—c5: nebst Lh6—g5: etc.

23. d7—d8D† De7—d8:
24. Dc7—g7 ǂ.

Damenbauer gegen Königsbauer.

(Aus dem grossen Schachturnier zu London im Jahre 1862.)

	Steinitz Weiss	Mongredien Schwarz
1.	e2—e4:	d7—d5:
2.	e4—d5:	Dd8—d5:
3.	Sb1—c3	Dd5—d8
4.	d2—d4	e7—e6
5.	Sg1—f3	Sg8—f6
6.	Lf1—d3	Lf8—e7
7.	o—o	o—o
8.	Lc1—e3	b7—b6
9.	Sf3—e5	Lc8—b7
10.	f2—f4	Sb8—d7
11.	Dd1—e2	Sf6—d5?

Statt dessen sollte c7—c5 geschehen.

12. Sc3—d5: e6—d5:
13. Tf1—f3 f7—f5
Hier käme zuvörderst f7—f6 in Betracht.
14. Tf3—h3 g7—g6
Stand der Partie nach dem 19. Zuge:

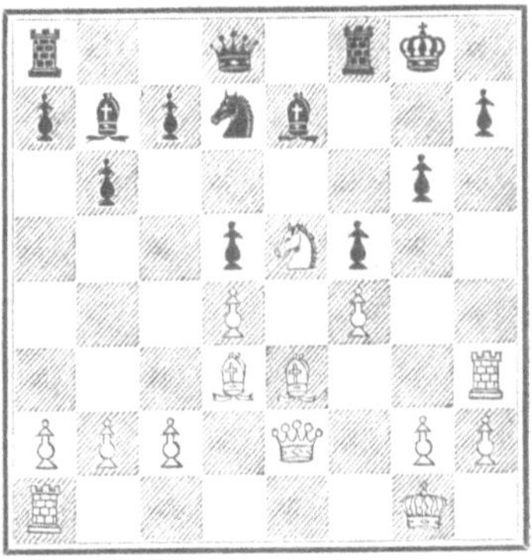

15. g2—g4
Steinitz, der 1862 noch ein sehr junger Mann war, dem Anderssen aber damals schon das Prognostikon einer grossen Zukunft stellte, leitet hiermit eine wirklich ausgezeichnete Combination ein, welche diese Partie nach dem Urtheile Anderssen's

zur schönsten im ganzen Turniere macht.

15. ..... f5—g4:

Besser wäre Sd7—e5: nebst Lb7—c8.

16. Th3—h7: Sd7—e5:

Auf sofort Kg8—h7: folgt Dd1—g4: (Sd7—e5:, f4—e5:) und Schwarz ist rettungslos.

17. f4—e5: Kg8—h7:
18. De2—g4: Tf8—g8

Schwarz hat nichts Besseres.

19. Dg4—h5† Kh7—g7
20. Dh5—h6† Kg7—f7
21. Dh6—h7† Kf7—e6
22. Dh7—h3† Ke6—f7
23. Ta1—f1† Kf7—e8
24. Dh3—e6 Tg8—g7
25. Le3—g5! Dd8—d7

Auch andere Züge von Schwarz helfen nichts.

26. Ld3—g6‡ Tg7—g6:
27. De6—g6‡ Ke8—d8
28. Tf1—f8† Dd7—e8
29. Dg6—e8‡.

Wiener Partie.

(Gespielt im internationalen Schachturnier zu Baden-Baden 1870.)

W. Steinitz	G. R. Neumann
Weiss	Schwarz

1. e2—e4 e7—e5
2. Sb1—c3 Sg8—f6
3. f2—f4 d7—d5
4. d2—d3 d5—e4:
5. f4—e5: Sf6—g4
6. Sc3—e4: Sg4—e5:
7. d3—d4 Se5—g6
8. Sg1—f3 Dd8—e7

Schwarz spielt auf Officiersgewinn; er sollte lieber die Rochade vorbereiten.

9. Lf1—d3 f7—f5
10. Lc1—g5 De7—e6
11. 0—0 f5—e4:
12. Ld3—e4: Lf8—d6
13. Sf3—e5 Ld6—e5:
14. d4—e5:

Schwarz kann nun nach keiner Seite in Sicherheit kommen; die Vertheidigung erscheint schwierig, ist vielleicht ganz nutzlos. Weiss setzt den Angriff meisterhaft fort.

14. ..... Sb8—d7
15. Dd1—h5 Sd7—f8
16. Ta1—d1 Lc8—d7
17. h2—h3! Th8—g8
18. Kg1—h1 De6—b6
19. e5—e6 Ld7—e6:
20. Td1—d2 a7—a5
21. b2—b3 a5—a4
22. Tf1—d1 Le6—d7
23. Td2—d7: Aufgegeben.

Wiener Partie.

(Aus dem internationalen Schachturnier zu Wien 1873.)

	Louis Paulsen Weiss	S. Rosenthal Schwarz
1.	e2—e4	e7—e5
2.	Sb1—c3	Sb8—c6
3.	g2—g3	

Hier geschieht eigentlich f2—f4.

3.	.....	Lf8—c5
4.	Lf1—g2	d7—d6
5.	d2—d3	Sg8—f6
6.	Sg1—e2	Lc8—g4
7.	h2—h3	Lg4—d7

Statt dieses Tempoverlustes sollte Schwarz auf e2 abtauschen.

8.	Sc3—a4	Lc5—b6
9.	Sa4—b6:	a7—b6:
10	f2—f4	e5—f4:

Schwarz öffnet hierdurch dem feindlichen Königsläufer die Diagonale; er hätte die Bauern nicht abtauschen sollen.

11.	Se2—f4:	Dd8—e7
12.	c2—c4	De7—e5
13.	0—0	0—0—0

Die lange Rochade ist gefährlich, da Schwarz nicht recht zum Gegenangriff gelangen kann.

14.	Sf4—e2	Sc6—d4
15.	Lc1—f4	Sd4—e2‡
16.	Dd1—e2:	De5—h5
17.	g3—g4	Dh5—g6

Weiss lässt dem Gegner keine Zeit zu Gegenattaquen und spielt mit voller Meisterschaft in glänzendem Style.

18.	a2—a4	h7—h5
19.	g4—g5	Sf6—h7
20.	De2—e3!	f7—f6
21.	a4—a5	Sh7—g5:
22.	Kg1—h2	b6—a5:
23.	Ta1—a5:	b7—b6
24.	Ta5—a7	Ld7—c6

Nun folgt ein so feiner wie brillanter Schluss:

25.	c4—c5!	b6—c5:
26.	De3—c5:	Dg6—e8

Schwarz darf natürlich die Dame nicht nehmen.

27.	Dc5—a5	Sg3—e6
28.	Tf1—c1	g7—g5
29.	Da5—a6†	Kc8—d7
30.	Tc1—c6:	g5—f4:
31.	Tc6—d6‡	Aufgegeben.

Französische Partie.

(Gespielt im internationalen Schachturnier zu Baden-Baden 1870.)

	S. Winawer Weiss	De Vere Schwarz
1.	e2—e4	e7—e6
2.	d2—d4	d7—d5
3.	Sb1—c3	Lf8—b4
4.	Lf1—d3	d5—e4:
5.	Ld3—e4:	c7—c5

Der Zug von Schwarz ist sehr empfehlenswerth.

6.	Sg1—e2	c5—d4:

7. Se2—d4: Lb4—c3†
8. b2—c3: Dd8—a5
9. Dd1—f3 Sg8—f6

Eine hübsche, ziemlich weit berechnete Combination von Schwarz.

S. Diagramm.

10. Le4—b7: Lc8—b7:
11. Df3—b7: Da5—c3†
12. Ke1—e2 Dc3—d4:
13. Db7—a8: o—o
14. Ta1—b1 Dd4—c4†

Ein feines Schach mit nachfolgenden entscheidenden Springerzügen.

15. Ke2—e1 Sb8—c6
16. Da8—b7 Sc6—d4

Aufgegeben.

Stand der Partie nach dem vollendeten 9. Zuge:

Unregelmässige Eröffnung.

(Gespielt im internationalen Schachturnier zu Baden-Baden 1870.)

G. R. Neumann Weiss	Louis Paulsen Schwarz
1. c2—c4	f7—f5
2. Sb1—c3	Sg8—f6
3. d2—d4	e7—e6
4. a2—a3	Lf8—e7
5. e2—e3	o—o
6. Lf1—d3	b7—b6
7. Sg1—e2	d7—d6
8. Dd1—c2	c7—c5
9. d4—d5	e6—d5:
10. c4—d5:	Sf6—g4
11. Se2—f4	Sg4—e5
12. Ld3—e2	a7—a6
13. Sf4—e6	Lc8—e6:
14. d5—e6:	Ta8—a7
15. f2—f4	Se5—c6
16. Sc3—d5	b6—b5
17. g2—g4	

Ein vortrefflicher Zug!

17.	Le7—h4†
18. Ke1—d1	f5—g4:
19. Le2—g4:	Sc6—e7
20. e3—e4	Sb8—c6
21. Lc1—e3	Se7—d5:
22. e4—d5:	Sc6—e7
23. Dc2—d2	Se7—f5
24. Lg4—f5:	Tf8—f5:
25. Kd1—c2	Lh4—f6
26. Ta1—d1	Lf6—d4

Auch Paulsen entwickelt in dieser Partie seine gediegene Meisterschaft.

27. Le3—d4: Tf5—d5:
28. Dd2—e3

Ein Versehen; der richtige Zug war Dd2—g2. Das später folgende Schach auf e4, respective d5 (wenn der König statt auf b1 auf d2 geht) liegt freilich so nahe nicht.

28. ..... e5—d4:
29. Td1—d4: Dd8—c8†
30. Kc2—b1 Td5—d4:
31. De3—d4: Dc8—e6:
32. Dd4—a7: De6—e4†
33. Kb1—a2 De4—d5†
34. Ka2—b1 Dd5—h1‡
35. Kb1—a2 Dh1—d5†
36. Ka2—a1 Dd5—c6
37. Da7—e3 d6—d5
38. De3—e5 h7—h6
39. Ka1—b1 Dc6—c4
40. De5—e6† Kg8—h8
41. De6—a6: Dc4—e4†
42. Kb1—a2 d5—d4

Eine sehr weit berechnete Combination. Schwarz giebt zwei Bauern auf, um den d-Bauer zur Dame zu führen, wobei es hauptsächlich darauf ankam, zu berechnen, in wie fern die später folgenden zahlreichen Schachs, die der Weisse giebt, hinderlich werden können.

43. Da6—b5: d4—d3
44. Ka2—b3 d3—d2
45. Db5—d7 De4—e2
46. Dd7—c8† Kh8—h7
47. Dc8—f5† Kh7—g8
48. Df5—c8† Kg8—f7
49. Dc8—f5† Kf7—e7
50. Df5—c5† Ke7—e6
51. Dc5—c8† Ke6—f6
52. Dc8—c6† Kf6—f5
53. De6—c8† Kf5—g6

Aufgegeben.

Abgelehntes Damen-Gambit.

(Aus dem internationalen Schachturnier zu Wien im Jahre 1873.)

J. H. Blackburne — C. Pitschel
Weiss — Schwarz

1. d2—d4 d7—d5
2. c2—c4 c7—c6

Besser ist e7—e6.

3. Sb1—c3 Lc8—f5?

In Folge dieses Zuges verliert Schwarz einen Bauer.

4. Dd1—b3 Dd8—d7
5. c4—d5: Sg8—f6
6. Sg1—f3 e7—e6!

Den d-Bauern darf Schwarz wegen Sf3—e5 nicht schlagen.

7. Sf3—e5 Dd7—c7
8. Lc1—f4

Weiss hätte lieber d5—c6: spielen sollen.

8. ..... Lf8—d6
9. Ta1—c1 o—o!

Von hier an ist die Partie äusserst interessant und lebhaft. Minder gut als die Rochade wäre für Schwarz e6—d5:, wegen 10. e2—e4, Sf6—e4:! 11. Sc3—d5:, Dc7—a5† 12. Sd5—c3 etc. Auf 10. e2—e4, d5—e4: oder Lf5—e4: geschieht Sc3—b5.

10. g2—g4

Hieraus folgen höchst verwickelte Stellungen.

10. ..... Sf6—g4:
11. e2—e4 Sg4—e5:
12. Sc3—b5!

Stand der Partie nach dem 12. Zuge von Weiss:

12. ..... Ld6—b4†
13. Ke1—d1

Auf Db3—b4: wäre Se5—f3† nebst Dc7—f4: gefolgt.

13. ..... Lf5—g4†
14. Lf1—e2 Lg4—e2‡
15. Kd1—e2: Dc7—a5
16. Sb5—c7 Se5—g6

Durch Da5—c7: hätte Schwarz die Stellungen ungefähr ausgleichen können. Er zieht aber mit Recht vor, gegen einen guten Angriff die Qualität aufzugeben.

17. Lf4—g3 e6—d5:

Auf 17. ....., Sb8—a6 werden nach 18. Sc7—a8:, Tf8—a8: 19. a2—a3, Da5—b5† 20. Ke2—d1, Lb4—e7 21. Db3—b5:, c6—b5: 22. d5—d6, Le7—d8 die weissen Bauern sehr gefährlich.

18. Sc7—a8: Sb8—a6
19. a2—a3 Tf8—a8:
20. a3—b4: Da5—b6
21. Th1—d1 Sa6—b4:
22. Lg3—d6 a7—a5

Besser war e4—e5.

23. Ld6—c5 Db6—b5†
24. Ke2—d2 Sg6—f4
25. Kd2—e3

Stand der Partie nach dem 25. Zuge von Weiss:

25. ..... g7—g5

Schwarz spielt die Partie mit voller Energie zu Ende.

26. Td1—d2 d5—e4:
27. Lc5—b4: Ta8—e8!
28. Db3—c4 Db5—f5
29. d4—d5 a5—b4:
30. Tc1—g1 Sf4—d5‡
31. Ke3—e2 e4—e3
32. f2—e3: Te8—e3‡
33. Ke2—d1 Sd5—c3†

Aufgegeben.

Schottisches Gambit.

(Durch Correspondenz gespielt vom Juni 1872 bis April 1874.)

	Wien Weiss	London Schwarz
1.	e2—e4	e7—e5
2.	Sg1—f3	Sb8—c6
3.	d2—d4	e5—d4:
4.	Sf3—d4:	Dd8—h4
5.	Sd4—b5	Lf8—b4†
6.	Lc1—d2!	

Auf 6. c2—c3 hätte Schwarz Dh4—e4‡ nebst Lb4—a5 gespielt. Mehr Beachtung verdient dagegen vielleicht die Deckung des Schach durch 6. Sb1—d2.

6.	.....	Dh4—e4‡
7.	Lf1—e2	Ke8—d8
8.	o—o	Lb4—d2:
9.	Sb1—d2:	De4—f4!
10.	c2—c4	Sg8—f6
11.	Sd2—f3	Sf6—g4

Die Wiener Spieler hatten den feinen Gegenzug von Schwarz nicht gehörig berechnet. Sie hätten g2—g3 oder Le2—f3 spielen sollen.

12.	g2—g3	Df4—f6
13.	Sb5—c3	Th8—e8
14.	Sf3—d2	Sg4—h6
15.	Sd2—e4	Df6—g6
16.	Le2—h5	Dg6—f5
17.	Lh5—f3	b7—b6
18.	Lf4—g2	Lc8—b7
19.	Dd1—d2	f7—f6
20.	Ta1—d1	Sh6—f7
21.	Tf1—e1	Ta8—b8
22.	f2—f4	Sc6—a5

Schwarz spielt mit ausserordentlicher Sorgfalt.

23. Dd2—d3

Weiss droht nun b2—b4, um nach Sa5—c6 durch den eleganten Zug Se4—g5 die feindliche Dame zu gewinnen. b2—b3 wäre vielleicht gesünder gewesen.

23.	.....	Sf7—d6
24.	b2—b3	Lb7—e4:
25.	Sc3—e4:	Te8—e7
26.	Kg1—h1	Sa5—b7
27.	b3—b4	a7—a5
28.	a2—a3	a5—b4:
29.	a3—b4:	Df5—e6
30.	c4—c5	b6—c5:
31.	Dd3—b1	

Die letzten beiden Züge von Weiss sind sehr fein und halten den Angriff, der sonst unmittelbar auf Schwarz übergegangen wäre, noch eine Zeitlang fest.

31.	.....	De6—c4!
32.	b4—c5:	Sd6—e4:
33.	Te1—e4:	Te7—e4:
34.	Lg2—e4:	Kd8—c8
35.	Le4—d5	Dc4—c5:
36.	Db1—h7:	Dc5—f8
37.	Dh7—d3	Df8—e8
38.	Dd3—c3	Sb7—d6
39.	Ld5—f3	De8—e6
40.	Td1—c1	Sd6—b5
41.	Dc3—d2	c7—c6
42.	Tc1—e1	De6—f7

43. Dd2—b4 Df7—a2
44. Lf3—g2 Kc8—c7

Schwarz ist nun aus aller Fahr und Noth und kann selbst zum Angriff übergehen.

45. Te1—b1 Tb8—a8
46. Tb1—c1 Da2—e2
47. Lg2—f1 De2—f3†
48. Lf1—g2 Df3—e3
49. Tc1—e1 De3—f2

Schwarz wird bei richtiger Fortsetzung das Spiel gewinnen. Weiss proponirte an dieser Stelle Remis, was von Schwarz auch angenommen wurde, weil Wien eine zweite Partie, welche mi dieser gleichzeitig geführt wurde hier aufgab, und damit Londo in diesem interessanten Wett kampfe den Sieg davontrug. Di beiden Partieen wurden zwische der „Wiener Schachgesellschaft" und dem „City of London Chess Club" um die Summe von 10 Pfund Sterling auf telegraphi schem Wege bei achttägige Ueberlegungsfrist geführt. Fü London scheint namentlich Stei nitz die maassgebende Führung übernommen gehabt zu haben.

Vorgabe-Partieen.

Thurmvorgabe.

Paul Morphy	X
Weiss	Schwarz
(ohne Ta1)	

1. e2—e4 e7—e5
2. Lf1—c4 Lf8—c5
3. d2—d4 e5—d4:

Besser wäre Lc5—d4:, da auf e5—d4: nun 4. Lc4—f7‡ möglich wäre; der vorgebende Spieler vermeidet aber zur Verhütung des Abtausches (der in Vorgabe-Partieen von dem schwächeren Spieler gesucht werden muss) diese Combination.

4. Sg1—f3 b7—b5
5. Lc4—b3 d7—d6
6. Sf3—g5 Sg8—h6
7. o—o o—o
8. f2—f4 a7—a5
9. f4—f5 Dd8—f6

Der geniale Führer der weissen Steine greift mit unvergleichlicher Energie an.

10. Dd1—h5 a5—a4
11. Lb3—d5 c7—c6
12. Sg5—h7: Kg8—h7:
13. Lc1—g5 Df6—e5
14. Sb1—d2 c6—d5:
15. Sd2—f3 De5—e8
16. f5—f6 Lc8—g4
17. Dh5—h4 Lg4—f3:
18. f6—g7: d4—d3†
19. Kg1—h1 Lf3—g2‡
20. Kh1—g2: Kh7—g7:
21. Lg5—h6‡ Kg7—h7
22. Lh6—f8‡ Kh7—g8

23. Lf8—e7 Sb8—c6
24. Dh4—g5† Kg8—h7
25. Tf1—f4 und Weiss erzwingt das Mat.

Springervorgabe.

Paul Morphy	X
Weiss	Schwarz
(ohne Sb1)	
1. e2—e4	e7—e5
2. f2—f4	e5—f4:
3. Sg1—f3	g7—g5
4. Lf1—c4	g5—g4
5. d2—d4	g4—f3:
6. o—o	Lf8—h6

Hier sollte d7—d5 geschehen.

7. Dd1—f3: Sb8—c6
8. Lc4—f7‡ Ke8—f7:
9. Df3—h5† Kf7—g7
10. Lc1—f4: Lh6—f4:
11. Tf1—f4: Sg8—h6
12. Ta1—f1 Dd8—e8
13. Dh5—h4 d7—d6?
14. Dh4—f6† Kg7—g8
15. Df6—h6: Lc8—d7
16. Tf4—f3 Sc6—e7
17. h2—h4

Weiss spielt mit höchster Energie.

17. ..... Se7—g6
18. h4—h5 Ld7—g4
19. h5—g6: h7—g6:

Auf Lg4—f3: würde g6—g7 folgen, womit Weiss ebenfalls in Vortheil gelangt. Jetzt aber setzt derselbe in drei Zügen mat:

20. Tf3—f8† De8—f8:
21. Tf1—f8‡ Ta8—f8:
22. Dh6—g6‡.

Springervorgabe.

Paul Morphy	X
Weiss	Schwarz
(ohne Sb1)	
1. e2—e4	e7—e5
2. Sg1—f3	Sb8—c6
3. d2—d4	Sc6—d4:

Besser ist e5—d4:

4. Sf3—e5: Sd4—e6
5. Lf1—c4 Sg8—f6

Der richtige Zug ist d7—d6. Weiss bekommt nun Gelegenheit zu einem eleganten Opfer.

6. Se5—f7: Ke8—f7:
7. Lc4—e6‡ Kf7—e6:

Nimmt Schwarz mit d7—e6:, so gewinnt Weiss durch 8. Dd1—d8:, Lf8—b4† 9. Lc1—d2, Th8—d8: 10. Ld2—b4: die geopferte Figur zurück.

8. e4—e5 Lf8—c5
9. o—o Sf6—d5
10. Dd1—g4† Ke6—e5:

Schwarz will seine Officiersübermacht behaupten; er sollte aber lieber nach f7 gehen.

11.	Lc1—g5	Dd8—f8
12.	Ta1—d1	Ke5—d6
13.	Dg4—e4	Df8—f7
14.	c2—c4	Kd6—c6
15.	Td1—d5:	Kc6—b6
16.	Td5—c5:	c7—c6

Nimmt Schwarz den Thurm, so setzt Weiss durch Lg5—e3† in wenigen Zügen mat.

17.	De4—e5	Th8—e8

Weiss setzt in vier Zügen mat, nämlich:

18. Tc5—b5† Kb6—a6
(falls c6—b5:, so Lg5—e3† etc.)
19. Tb5—a5† Ka6—b6
20. Lg5—e3† c6—c5
21. De5—c5‡.

Das Blindlingsspiel.

Partieen „ohne Ansicht des Bretes“, d. h. aus dem Gedächtniss oder, wie man es auch nennt, blindlings führen, galt vordem für eine ganz besondere Kunst. Als Philidor im Jahre 1795 in London gleichzeitig zwei Partieen gegen gute Spieler blindlings und ausserdem noch eine dritte am Brete spielte und gewann, wurde er über alle Maassen bewundert und für die damalige Zeit mit Recht. Heutzutage ist der Nimbus fast verschwunden, mit welchem das Gedächtnissspiel früher umgeben war. Wie im Problemwesen und in der theoretischen Analyse, so hat man auch in der Fertigkeit des Blindlingsspielens ganz erstaunliche Fortschritte gemacht, namentlich seit dem Auftreten Louis Paulsen's, welcher es bis zu zehn, ja fünfzehn gleichzeitigen Blindlingspartieen brachte, insbesondere aber seit dem Erscheinen des glänzenden Meteors am amerikanischen Schachhimmel — Paul Morphy. Letzterer spielte zwar anfänglich im Jahre 1857 in New-York und New-Orleans zunächst nur 4—6 Partieen, sodann im August 1858 zu Birmingham acht Partieen gegen starke Gegner und im September 1858 in Paris wiederum acht Partieen gegen ganz tüchtige Kämpen gleichzeitig ohne Ansicht des Bretes; er rief aber hierbei durch die beispiellose Sicherheit und geniale Führung seines Spieles den Enthusiasmus aller Beiwohnenden wach. Seitdem haben sich auch andere Meister in dieser Kunst sehr hervorgethan; wir nennen ausser Louis Paulsen hier noch Wilfried Paulsen, Schwengers, G. R. Neumann, Emil Schallopp, Hein, Blackburne, Steinitz, Zukertort u. A.

Nahezu jeder tüchtige Schachspieler wird jetzt eine, ja einige Partieen blindlings mit ziemlicher Fertigkeit bewältigen können. Durch fleissige Uebung am Bret eignet sich selbst ein weniger mit Phantasie Begabter unwillkürlich auch die genannte Fähigkeit bis zu einem gewissen Grade an. Man verurtheilt übrigens das „forcirte“ Gedächtnissspiel mit Recht als überaus anstrengend und aufreibend.

Damenbauer gegen Königsbauer.

(Diese Partie wurde von Paul Morphy 1858 im Café de la Régence zu Paris gleichzeitig mit sieben anderen Partieen blindlings geführt.)

	Paul Morphy Weiss (blindlings)	Guibert Schwarz
1.	e2—e4	d7—d5
2.	e4—d5:	Dd8—d5:
3.	Sb1—c3	Dd5—d8
4.	d2—d4	e7—e6
5.	Sg1—f3	Lf8—d6
6.	Lf1—d3	Sg8—e7
7.	o—o	h7—h6
8.	Lc1—e3	c7—c6
9.	Sf3—e5	Sb8—d7
10.	f2—f4	Sd7—f6
11.	Sc3—e4	Se7—f5
12.	Le3—f2	Ld6—c7
13.	c2—c3	Sf6—d5
14.	Dd1—f3	Dd8—e7
15.	Ta1—e1	

Man beachte die trefflich entwickelte Stellung von Weiss.

15.	.....	Lc7—e5:
16.	d4—e5:	h6—h5
17.	Lf2—c5	De7—d8
18.	Se4—d6†	Sf5—d6:
19.	Lc5—d6:	g7—g6
20.	Df3—g3	Sd5—e7

Weiss drohte Ld3—g6:.

21.	Te1—d1	Lc8—d7
22.	Td1—d2	h5—h4
23.	Dg3—g4	Se7—f5
24.	Ld3—f5:	e6—f5:
25.	Dg4—f3	Dd8—b6†
26.	Kg1—h1	o—o—o
27.	c3—c4	h4—h3
28.	g2—g3	Ld7—e6
29.	Df3—c3	Td8—d7
30.	Tf1—d1	c6—c5
31.	Kh1—g1	Th8—d8
32.	Dc3—a3	a7—a6
33.	Ld6—c5:	Db6—c6
34.	Lc5—d6	f7—f6
35.	Td2—d5	

Ein sehr schöner Zug und doppelt anerkennenswerth, wenn man bedenkt, dass neben dieser Partie der Spieler zu gleicher Zeit noch sieben andere gleich schön gespielte im Kopfe hatte.

35.	.....	Le6—d5:
36.	Td1—d5:	Td7—d6:

37. e5—d6: Kc8—b8
38. Da3—d3 Td8—d6:
39. Dd3—d2 Td6—d5:
40. c4—d5: Dc6—c5†
41. Kg1—f1 Dc5—c4†
42. Kf1—f2 Dc4—c5†
Remis durch ewig Schach.

Evans-Gambit.

(Von Paul Morphy 1858 zu New-Orleans gleichzeitig mit fünf andern Partieen blindlings geführt.)

Paul Morphy Weiss (blindlings)	N. N. Schwarz
1. e2—e4	e7—e5
2. Sg1—f3	Sb8—c6
3. Lf1—c4	Lf8—c5
4. b2—b4	Lc5—b4:
5. c2—c3	Lb4—a5
6. d2—d4	e5—d4:
7. o—o	d4—c3:
8. Lc1—a3	d7—d6
9. Dd1—b3	Sg8—h6
10. Sb1—c3:	La5—c3:
11. Db3—c3:	o—o
12. Ta1—d1	Sh6—g4
13. h2—h3	Sg4—e5
14. Sf3—e5:	Sc6—e5:
15. Lc4—e2	f7—f5?

Besser wäre Lc8—d7.

16. f2—f4	Se5—c6
17. Le2—c4†	Kg8—h8
18. La3—b2	Dd8—e7
19. Td1—e1	Tf8—f6
20. e4—f5:	De7—f8

Nun folgt eine überaus schöne Opfercombination von Seiten des Blindlingsspielers, die hundert andere gute Spieler auch am Brete nicht entdeckt haben würden.

21. Te1—e8	Df8—e8:
22. Dc3—f6:	De8—e7
23. Df6—g7†	De7—g7:
24. f5—f6	Dg7—g2†

Ein Verzweiflungszug! Durch Dg7—f8 24. f6—f7†, Sc6—e5 25. f4—e5:, h7—h5 hätte Schwarz das Spiel noch eine Zeit lang halten können; freilich wäre Weiss auch dann in überwiegenden Vortheil gekommen.

25. Kg1—g2:	Lc8—h3†
26. Kg2—h3:	h7—h5

27. Tf1—g1 und Weiss gewinnt.

Evans-Gambit.

(Von beiden Spielern blindlings geführt.)

J. H. Zukertort Weiss (blindlings)	W. Steinitz Schwarz (blindlings)
1. e2—e4	e7—e5
2. Sg1—f3	Sb8—c6
3. Lf1—c4	Lf8—c5
4. b2—b4	Lc5—b4:
5. c2—c3	Lb4—a5
6. o—o	Sg8—h6

Schwarz wählt absichtlich

diesen schwächeren Zug, um die Partie verwickelter zu gestalten.

7\. d2—d4 e5—d4:

8\. c3—d4: o—o

Stärker war Lc1—g5.

9\. d4—d5 Sc6—e7

10\. Lc1—g5 d7—d6

11\. Dd1—c1 Sh6—g4

12\. h2—h3 Sg4—f6

13\. Lg5—f6: g7—f6:

14\. Dc1—h6 Se7—g6

15\. Sb1—d2 Kg8—h8

16\. Ta1—d1 Tf8—g8

17\. Lc4—b3 Tg8—g7

18\. Sf3—d4 f6—f5

Dieses Bauernopfer ist correct.

19\. e4—f5: Dd8—h4

20\. Dh6—h4: Sg6—h4:

21\. g2—g4 Lc8—f5:

22\. Sd2—c4 La5—b4

23\. Sd4—f5: Sh4—f5:

24\. Kg1—h2 Sf5—e7

25\. Td1—d3 f7—f5

26\. f2—f3 Ta8—f8

27\. Sc4—e3 f5—f4

28\. Se3—c2 Lb4—c5

29\. Sc2—d4 Lc5—d4:

30\. Td3—d4: Se7—g6

31\. Td4—e4 Sg6—e5

32\. Kh2—g2 h7—h5

33\. Tf1—d1 h5—h4

34\. Td1—d4 Tg7—f7

35\. Td4—a4 a7—a6

36\. Lb3—c2

Nutzlos wäre Ta4—b4, wegen Se5—d7, worauf der b-Bauer nicht genommen werden darf.

36\. ..... Kh8—g7

37\. Kg2—f2 Kg7—h6

38\. Ta4—b4 b7—b6

39\. Tb4—a4 a6—a5

40\. Ta4—d4

Weiss hat die gegnerischen Damenbauern auf schwarze Felder gelockt und kann sie nun mit seinem Läufer leicht aufhalten.

40\. ..... Kh6—g5

41\. Lc2—a4 Tf7—e7

42\. La4—d1 Tf8—f7

Auf b6—b5 spielt Weiss Ld1—e2.

43\. Ld1—a4 Tf7—g7

44\. Te4—f4:

Dies ist kein Fehler, sondern ein feines Opfer, wodurch rasch der Remisschluss erzwungen wird.

44\. ..... Se5—d3†

45\. Td4—d3: Kg5—f4:

46\. Td3—d4† Kf3—e5

47\. Kf2—e3 Ke5—f6†

48\. Ke3—f2 Kf6—e5

Schwarz hat die Qualität mehr, kann aber den Gewinn auf keine Weise erzwingen, da Weiss f3—f4, g4—g5 etc. droht.

Fünfter Abschnitt.

Schachaufgaben.

(Die Kunst der Problem-Composition.)

Die ersten gediegenen Anfänge in der Aufstellung künstlicher Endspiele und sogenannter Schachaufgaben, oder Probleme, finden wir, abgesehen von verschiedenen schon durch die alten arabischen Meister gemachten Versuchen, bei dem Spanier Lucena und dem Portugiesen Damiano (beide um 1500 lebend), die künstliche Endspiele verfasst und veröffentlicht haben, welche von späteren Autoren häufig wiedergegeben wurden. Von dem Araber Stamma erschienen sodann 1737 zu Paris 100 Endspiele, welche eine grosse Berühmtheit erlangt haben und u. A. 1856 durch v. Bledow und v. Oppen (Letzterer fügte 50 Aufgaben eigener Composition hinzu) neu herausgegeben*) worden sind. Cozio und vornehmlich Lolli, zwei Italiäner, schufen ebenfalls im vorigen Jahrhundert recht sinnreiche, später vielfach weiter benutzte künstliche Endspiele.

Die Producte aller dieser und anderer Autoren, wenn dieselben auch in der Mehrzahl nicht als wirklich dem praktischen Spiele entlehnt betrachtet werden können, schliessen sich doch in der Hauptsache eng an dasselbe an, ganz im Gegensatze zu denjenigen der Neuzeit, welche allmählich mehr und mehr davon sich entfernt haben und nun seit einigen Jahrzehnten eine vollständig getrennte Abtheilung des Schachspieles ausmachen. Die Problemkunst unserer Tage verhält sich, um einen öfters angewandten Vergleich zu brauchen, zur praktischen Schachpartie ungefähr so, wie die gebundene Sprache zur ungebundenen, wie die Poesie zur Prosa. Obwohl auch im praktischen Spiele mitunter sehr feine und hochelegante Combinationen vorkommen,

*) Bei Veit & Comp. in Leipzig.

welche eine Partie höchst anziehend machen können, findet man die vollkommene Schönheit, Schwierigkeit und Reinheit einer Idee doch nur im vorschriftsmässig zusammengefügten Schachproblem klar zum Ausdrucke gebracht.

Als ein Schachproblem ist im Grunde jede künstlich zusammengefügte Stellung zu bezeichnen, welche eine bestimmte Forderung an den Schachfreund stellt. Auch die Studie (künstliches Partie-Endspiel) ist demnach als ein solches zu betrachten. Im engeren Sinne jedoch begreift man darunter:

1) eine wirkliche Mat-Forderung in begrenzter Zügezahl (die directe Mat-Aufgabe);

2) die Forderung (ebenfalls in begrenzter Zügezahl) an eine Partei, den Gegner zu zwingen, so zu ziehen, dass sie selbst mat wird (das Selbstmat);

3) besondere Bedingungsaufgaben (Bauernmat, Springermat, Mat durch Doppelschach etc.).

Zu einer vorschriftsmässig componirten Aufgabe gehören folgende Hauptmomente:

1) nur eine Lösung darf zum Ziele führen;

2) mindestens ein guter Gedanke muss als Pointe vorhanden sein;

3) die Matstellung soll eine völlig reine sein;

4) in dieser Matstellung sollen keine Figuren der matgebenden Partei (ausser etwa Bauern) überflüssig und unthätig sein;

5) die Aufstellung soll möglichst leicht und natürlich sein;

6) die Ausarbeitung soll schwulstfrei und auf die der Pointe entsprechenden Zügezahl beschränkt sein.

Gestattet eine Aufgabe ausser der vorgeschriebenen Lösung noch eine oder mehrere andere, so ist dieselbe nebenlösig; führt die vorgeschriebene Lösung nicht zum Ziele, so ist die Aufgabe unlösbar. In beiden Fällen ist das Erzeugniss incorrect. Auch schon durch theilweise Abweichungen von der beabsichtigten Lösung (partielle Nebenlösungen) wird ein Problem unrichtig; die Lösung muss streng der Absicht des Componisten entsprechen. Der Gedanke, die Pointe, die Idee oder der Witz eines Problems kann beruhen in einem besonders feinen und schwer aufzufindenden Zuge, einem Opfer, einer schönen oder doch eigenthümlichen Schlussstellung — kurz in einem besonderes Interesse erweckenden Punkte. Das folgende, von dem Indier Shagïrd verfasste Problem welches in den vierziger Jahren dieses Säculums unter dem Namen „das indische Problem“ ungemeines Aufsehen erregte und vielfach ungelöst blieb, hat eine besonders scharfe und (für damalige Zeit) versteckte Pointe. Die Lösung ist:

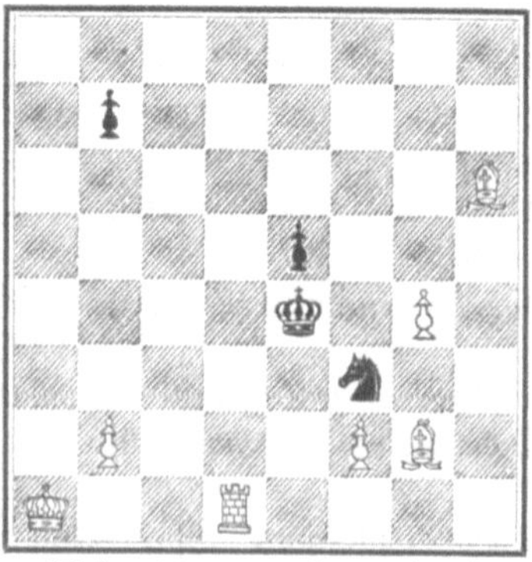

Weiss zieht an und setzt in vier Zügen mat.

1. Lh6—c1 b7—b6 (b5)
2. b2—b4 (b3) b6—b5 (b4)
3. Td1—d2 Ke4—f4
4. Td2—d4 Doppelschach und Mat.

Die Pointe beruht in dem Läuferzug in Verbindung mit dem darauf folgenden Thurmzuge, wodurch der Läufer verstellt und das tödtliche Doppelschach vorbereitet wird. Dieses Problem war bestimmt, eine Hauptanregung mit zu der wirklich erstaunlichen Thätigkeit zu geben, welche sich seitdem auf dem Gebiete der Problemkunst entfaltet und ganz unglaubliche Fortschritte — bis zur Vollkommenheit! — zur Folge gehabt hat. Kurz vorher (1842) war die Aufgabensammlung von Anderssen erschienen; bald nachher begann der fruchtbarste aller Problemdichter — Konrad Bayer — das reiche Füllhorn seiner meisterhaften Compositionen über die Schachwelt auszustreuen. Willmers, Healey, Nowotny, Graf Pongracz (Einsiedler von Tirnau), John Brown of Bridport, Grosdemange, Plachutta, Loyd, Klett, Kohtz und Kockelkorn, Berger u. Andere folgten.

Die Pointe wird dem sogenannten Hauptspiel, der Hauptvariante, zu Grunde gelegt. Sie bildet den Kern des Problems und giebt der Lösung die Würze. Sind mehrere gute Gedanken in dem Problem zur Geltung gebracht, so muss doch eine derselben besonders hervorstechen und in dem Hauptspiel verarbeitet sein, welches auch als Hauptvertheidigung bezeichnet werden kann. Aus den übrigen, gewöhnlich schwächeren, oder minder feinen Vertheidigungen, entstehen die Varianten, die Nebenspiele. Es giebt Probleme, welche nur ein Hauptspiel, keine Varianten enthalten. Solche Probleme können überaus fein und schwierig sein, stehen jedoch im Allgemeinen den kunstvolleren Variantengefügen nach.

Unter reiner Matstellung versteht man, wenn jedes Feld um den matwerdenden König demselben nur auf eine einzige Weise, sei es durch einen feindlichen, sei es durch einen eigenen Stein, versperrt ist; z. B.

I.

Reine Matstellung.

II.

Unreine Matstellung.

In Position II sind die Felder e1, e2, g2 und g3 dem schwarzen König doppelt versperrt, wodurch dem Gesetz der Schönheit wesentlich Abbruch gethan wird. Auch in dem indischen Problem (welches seitdem häufig und mit Glück variirt worden) ist die Schlussstellung unrein, da das Feld e3 durch den Läufer und den Bauer f2, das Feld f3 durch den schwarzen Springer und den weissen Läufer bedeckt wird. Letzteres ist übrigens hier, da durch die Natur der Pointe bedingt, verzeihlich. Nur in Ausnahmefällen, wenn eben die hervorstechende Idee gar nicht anders zur Geltung gebracht, in das Erzeugniss hineingearbeitet werden kann, ist die unreine Endstellung entschuldbar. Der geübte Problemdichter wird übrigens fast immer Mittel und Wege finden, sie zu umgehen. Genau ebenso verhält es sich mit der Unthätigkeit, Passivität weisser Figuren.

Eine hässliche, unnatürliche und schwülstige Aufstellung verunglimpft eine Composition trotz der geistreichsten Pointe ganz ungemein. Auch sie muss vermieden werden.

Die nachfolgenden 84 Aufgaben haben wir sorgfältig ausgewählt; sie können wohl ausnahmslos auf das Prädicat hoher Vollendung Anspruch machen. Die Zweizügler, welche von ganz leichten bis zu ziemlich schwierigen sich steigern, sollen den Anfänger allmählig einführen in das Problemfach. Er gebe sich Mühe, sie sämmtlich zu lösen — er wird an ihrer Eleganz und Schönheit Freude haben, manche Feinheit, manchen Pfiff und Kniff kennen lernen. Wenn er sie durchstudirt hat, wird er zu den Dreizüglern, die ebenfalls vom Leichteren zum Schwereren fortschreiten, und endlich zu den Vierzüglern übergehen können. Ueberall wird der Löser durch die prachtvollen Opfercombinationen, die exquisit feinen Wendungen und schönen Schlussstellungen für die aufgewendete Mühe sich belohnt finden. Von fünfzügigen Aufgaben haben wir abgesehen, da wir leichtere Waare nicht bringen wollten, Prachtexemplare aber gar zu viel Schwierigkeit bereiten. Dagegen haben wir einige Selbstmats beigefügt, damit der Schachfreund das Wesen dieser Gattung kennen lerne. In allen Aufgaben zieht Weiss an; in den Selbstmats zwingt Weiss den Schwarzen, so zu ziehen, dass Weiss mat wird.

Um Raum zu sparen, haben wir bei den Lösungen die abgekürzte Notation angewandt, dafür aber dieselben in allen ihren Varianten erschöpfend angegeben. Je mehr interessante Varianten (Abweichungs- oder Nebenspiele) ein Problem ausser einem schönen Hauptspiele aufweist, desto feiner ist, desto höher steht es. Eine kurzgefasste Beurtheilung der Probleme fügen wir den Lösungen an.

Schliesslich bemerken wir noch bezüglich des Punktes der Schwierigkeit eines Problems: dieser Begriff ist sehr unbestimmt, sehr relativ. Der Eine findet ein Problem schwierig, der Andere leicht; nur selten vereinigt sich das Urtheil der Kenner in dieser Hinsicht auf ein bestimmtes Erzeugniss. Auch ist man oft heute nicht so aufgelegt zum Lösen, wie morgen. Worüber man heute stundenlang grübelte, das findet man vielleicht morgen in einigen Minuten. Deshalb zwinge man sich zur schlechten Stunde nicht zum Lösen; man übe sich, aber man capricire sich nicht; man lasse sich nicht abschrecken, aber — es muss ja heute nicht sein!

Probleme in zwei Zügen.

1.

W. A. Shinkman in Grand-Rapids.

Mat in zwei Zügen.

2.

T. M. Brown of St. Louis.

Mat in zwei Zügen.

3.

T. M. Brown of St. Louis.

Mat in zwei Zügen.

4.

Oscar Blumenthal in Berlin.

Mat in zwei Zügen.

5.

G. E. Carpenter in New-York.

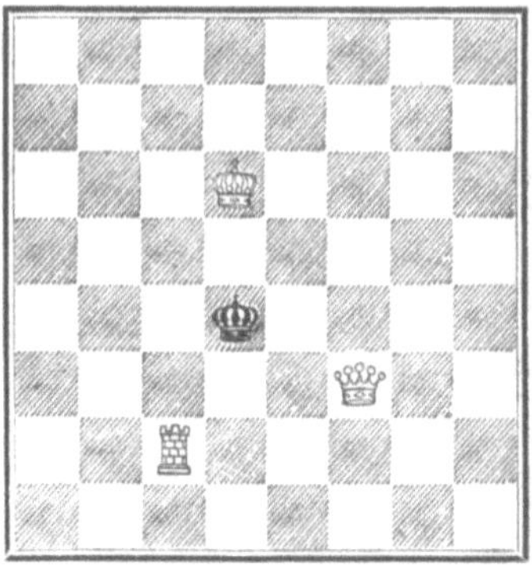

Mat in zwei Zügen.

6.

J. Minckwitz in Leipzig.

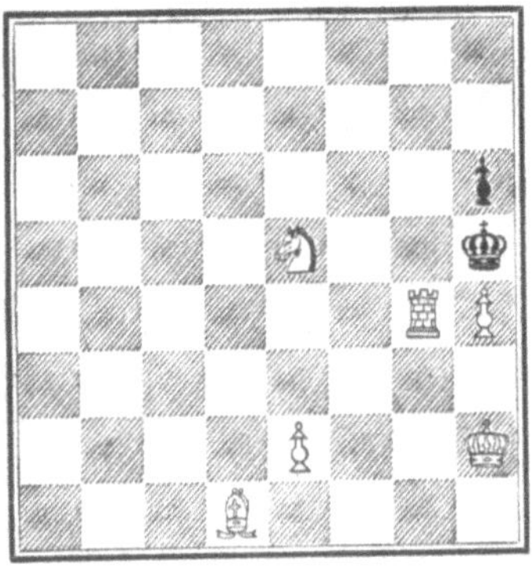

Mat in zwei Zügen.

7.

J. Minckwitz in Leipzig.

Mat in zwei Zügen.

8.

J. Minckwitz in Leipzig.

Mat in zwei Zügen.

9.

J. Minckwitz in Leipzig.

Mat in zwei Zügen.

10.

Samuel Loyd in New-York.

Mat in zwei Zügen.

11.

Samuel Loyd in New-York.

Mat in zwei Zügen.

12.

Samuel Loyd in New-York.

Mat in zwei Zügen.

13.

Samuel Loyd in New-York.

Mat in zwei Zügen.

14.

Samuel Loyd in New-York.

Mat in zwei Zügen.

15.

Samuel Loyd in New-York.

Mat in zwei Zügen.

16.

Samuel Loyd in New-York.

Mat in zwei Zügen.

17.

Samuel Loyd in New-York.

Mat in zwei Zügen.

18.

John Brown of Bridport.

Mat in zwei Zügen.

19.

John Brown of Bridport.

Mat in zwei Zügen.

20.

Fr. Patzak in Wien.

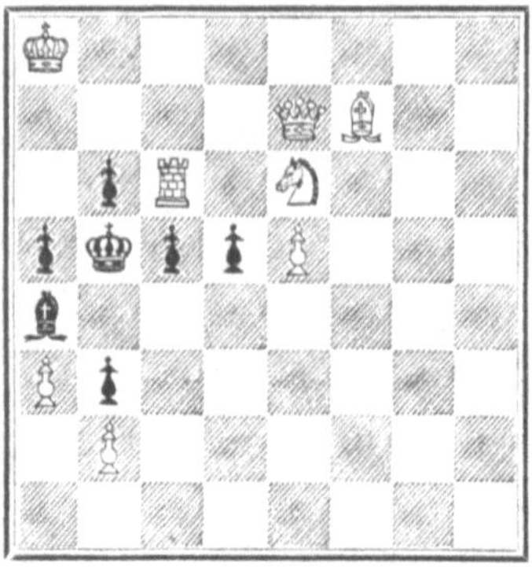

Mat in zwei Zügen.

21.

S. Gold in Wien.

Mat in zwei Zügen.

22.

Hermann Lehner in Wien.

Mat in zwei Zügen.

23.

Hermann Lehner in Wien.

Mat in zwei Zügen.

24.

G. Chocholousch in Prag.

Mat in zwei Zügen.

25.

G. Chocholousch in Prag.

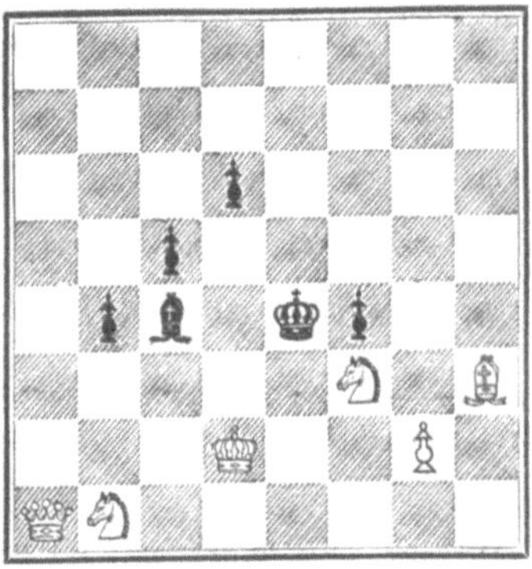

Mat in zwei Zügen.

26.

Dr. Konrad Bayer in Olmütz.

Mat in zwei Zügen.

27.

K. Bayer und J. Plachuta.

Mat in zwei Zügen.

28.

J. Berger in Graz.

Mat in zwei Zügen.

29.

Albert Barbe in Leipzig.

Mat in zwei Zügen.

30.

W. A. Shinkman in Grand-Rapids.

Mat in zwei Zügen.

31.

W. A. Shinkman in Grand-Rapids.

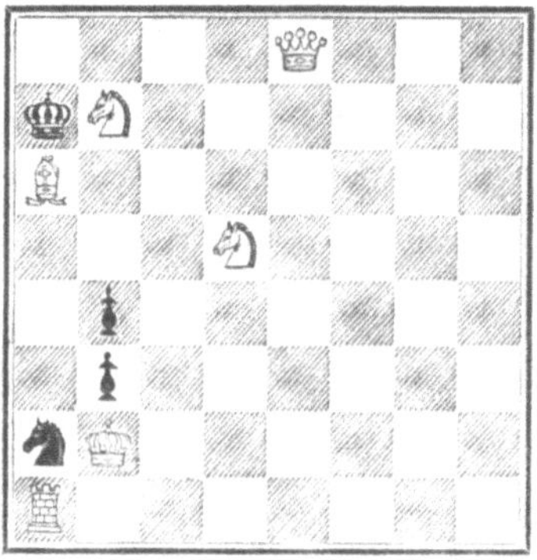

Mat in zwei Zügen.

32.

W. A. Shinkman in Grand-Rapids.

Mat in zwei Zügen.

33.

W. A. Shinkman in Grand-Rapids.

Mat in zwei Zügen.

34.

J. Kohtz und C. Kockelkorn.

Mat in zwei Zügen.

35.

J. Kohtz und C. Kockelkorn.

Mat in zwei Zügen.

36.

Robert Braune in Gottschee.

Mat in zwei Zügen.

37.

Robert Braune in Gottsclee.

Mat in zwei Zügen.

Probleme in drei Zügen.

38.

Johann Dobrusky in Prag.

Mat in drei Zügen.

39.

Hermann von Gottschall in Leipzig.

Mat in drei Zügen.

40.

Oscar Blumenthal in Berlin.

Mat in drei Zügen.

41.

S. A. Sörensen in Kopenhagen.

Mat in drei Zügen.

42.

J. Minckwitz in Leipzig.

Mat in drei Zügen.

43.

Robert Braune in Gottschee.

Mat in drei Zügen.

44.

Robert Braune in Gottschee.

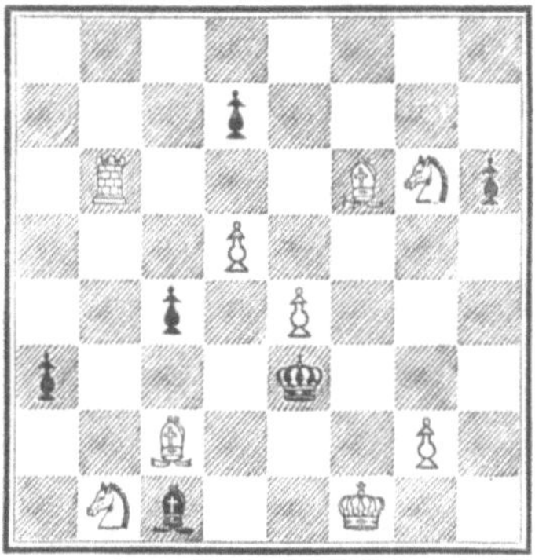

Mat in drei Zügen.

45.

Robert Braune in Gottschee.

Mat in drei Zügen.

46.

Robert Braune in Gottschee.

Mat in drei Zügen.

47.

Johann Dobrusky in Prag.

Mat in drei Zügen.

48.

G. Chocholousch in Prag.

Mat in drei Zügen.

49.

G. Chocholousch in Prag.

Mat in drei Zügen.

50.

G. Chocholousch in Prag.

Mat in drei Zügen.

51.

K. Bayer und J. Plachutta.

Mat in drei Zügen.

52.

Hermann Lehner in Wien.
(Louis Paulsen gewidmet.)

Mat in drei Zügen.

53.

J. Kohtz und C. Kockelkorn.

Mat in drei Zügen.

54.

J. Kohtz und C. Kockelkorn.

Mat in drei Zügen.

55.

J. Kohtz und C. Kockelkorn.

Mat in drei Zügen.

56.

Philipp Klett in Stuttgart.

Mat in drei Zügen.

57.

B. Kästner in Coburg.

Mat in drei Zügen.

58.

Dr. C. Schwede in Dresden.

Mat in drei Zügen.

59.

Samuel Loyd in New-York.

Mat in drei Zügen.

60.

Samuel Loyd in New-York.

Mat in drei Zügen.

61.

Samuel Loyd in New-York.

Mat in drei Zügen.

62.

Frank Healey in London.

Mat in drei Zügen.

63.

J. Minckwitz in Leipzig.

Mat in drei Zügen.

64.

John Brown of Bridport.

Mat in drei Zügen.

65.

John Brown of Bridport.

Mat in drei Zügen.

66.

Josef Heral in Wien.

Mat in drei Zügen.

Probleme in vier Zügen.

67.

Philipp Klett in Stuttgart.

Mat in vier Zügen.

68.

B. Kästner in Coburg.

Mat in vier Zügen.

69.

Adolf Bayersdorfer in München.

Mat in vier Zügen.

70.

G. N. Cheney in Syracuse.

Mat in vier Zügen.

71.

Robert Braune in Gottschee.

Mat in vier Zügen.

72.

J. Kohtz und C. Kockelkorn.
(Adolph Anderssen gewidmet.)

Mat in vier Zügen.

73.

J. Minckwitz in Leipzig.

Mat in vier Zügen.

74.

Dr. Konrad Bayer in Olmütz.

Mat in vier Zügen.

75.

Josef Plachutta in Peterwardein.

Mat in vier Zügen.

76.

C. Nadebaum in Tessin.

Mat in vier Zügen.

77.

Dr. C. Schwede in Dresden.
(Den zwölf Theilnehmern am Wiener internationalen Schachturnier gewidmet.)

Mat in vier Zügen.

78.

Philipp Klett in Stuttgart.
(Kohtz und Kockelkorn gewidmet.)

Mat in vier Zügen.

79.

Philipp Klett in Stuttgart.

Mat in vier Zügen.

Selbstmats.

80.

Robert Braune in Gottschee.

Selbstmat in zwei Zügen.

81.

Robert Braune in Gottschee.

Selbstmat in zwei Zügen.

82.

W. A. Shinkman in Grand-Rapids.

Selbstmat in zwei Zügen.

83.

L. v. Bilow in Stralsund.

Selbstmat in drei Zügen.

84.

Johann Dobrusky in Prag.

Selbstmat in vier Zügen.

Lösungen der vorstehenden Aufgaben.

Directe Mats in zwei Zügen.

1.

1. Df2, b2
2. Db2 ≠
1. . . . . . ., a3
2. Dd4 ≠
1. . . . . . ., Kc3
2. De1 ≠
1. . . . . . ., Ka3
2. Df8 ≠
1. . . . . . ., d3
2. Dc5 ≠

Nach dem ersten, eine bestimmte Drohung nicht in sich bergenden Zuge des Weissen entwickelt sich ein feiner Zugzwang, welcher fünf verschiedene interessante und ansprechende Matstellungen zur Folge hat. Gerade ein solches Problem ist für den Anfänger recht lehrreich, denn er lernt daraus die Feinheit und Wirkung einer Parade am Deutlichsten kennen.

2.

1. Ld1, Kb1:
2. Lb3 ≠

Ein einfaches, niedliches Problem. Auf h1 würde ein weisser Thurm genügen, der Componist hat aber, der grösseren Verführung halber, mit Recht die Dame gewählt.

3.

1. Df3, gf
2. g4 ≠
1. . . . . . ., anders
2. Dh1 oder g4 ≠

Die Idee dieser Aufgabe liegt ziemlich nahe; um so mehr wird der Löser durch ihre Eleganz befriedigt.

4.

1. Db8, Kh3
2. Le6 ≠
1. . . . . . ., anders
2. Df4 ≠

Ein feiner Zug führt zum Ziele; der Kenner findet mehr Gefallen an derartigen Finessen, als an glänzenden Opfern.

5.

1. Dh3, Ke4
2. Tc4 ≠

Das Höchste, was an Einfachheit bei schärfster Pointe erreicht werden kann. Vier Steine, aber wie musterhaft aufgestellt!

6.

1. Sg6, Kg4:
2. e4 ≠

Ueber dieses und die übrigen in dem Büchlein wiedergegebenen eigenen Erzeugnisse des Autors möge der geneigte Schachfreund sich selbst eine Ansicht bilden.

7.

1. Sd7, Kc6:
2. Sd4† ≠
1. . . . . . ., Ke4
2. Sf6 ≠
1. . . . . . ., Ke6
2. Sg5 ≠.

8.

1. Dc3, Kf6, g6 oder h6
2. Td6 ≠

1. ....., Kf8, g8 oder h8
2. Td8 ‡

9.

1. Se2, Kd5:
2. S6f4 ‡
1. ....., Sd5:
2. Sc5† ‡
1. ....., anders
2. S6f4, oder Sc3 ‡

10.

1. Thf4, Df6†
2. Tf6 ‡
1. ....., Lf4:
2. Df4 ‡
1. ....., Lf6:
2. Tf6 ‡
1. ....., h4
2. Th4 ‡

Die verschiedenartige Fesselung der beiden schwarzen Figuren bewirkt recht interessante Momente.

11.

1. De5, Dd5†
2. Sc4 ‡
1. ....., Kb4
2. Tb5 ‡
1. ....., anders
2. Db5 ‡

Im praktischen Spiele würde Weiss in plumper Weise mit T : D† beginnen und mit Da4† fortfahren. Dies führt hier nicht zum Ziele, wohl aber ein feines Damenopfer, welches überdies dem Schwarzen ein gefährliches (?) Schach gestattet, worauf Weiss kaltblütig seinen Springer vorzieht und matsetzt.

12.

1. Tb2, beliebig
2. Tc7 oder e7 ‡

Die Pointe dieses Problemes beruht in dem doppelten Verstelltsein der Läufer und Freimachung derselben.

13.

1. Sc8, Kc6
2. Dc4 ‡
1. ....., Sc6
2. Sb6 ‡
1. ....., anders
2. Se7 ‡

Einfach und ziemlich elegant.

14.

1. Ke2, Th2†
2. Dh2 ‡
1. ....., Th3
2. Dg5 ‡
1. ....., Th5
2. Dg3 ‡

Andere Abweichungen sind leicht ersichtlich. Ein scharfsinniger Königszug mit Zugzwang im Gefolge überwiegt hier den Mangel an besonderer Eleganz.

15.

1. Da8, K beliebig
2. gh ‡
1. ....., hg
2. Dg2 ‡

Ein feines Problem! Die dem schwarzen Könige offenstehenden Felder werden mit dem Matzuge gleichzeitig bestrichen.

16.

1. Dg4, Kf6
2. Tf8 ‡
1. ....., Ke8:
2. Dg8 ‡
1. ....., Lf6
2. Dg8 ‡
1. ....., Lg7
2. De6 ‡

Auch hier führt ein feiner Damenzug zum Ziele. Das Problem ist reich an guten Matstellungen.

17.

1. Kb3, Dd3† oder g4:
2. Sd3 ‡

1\. . . . . ., Df3† oder g6, h7:
2\. Sf3 ‡
1\. . . . . ., T beliebig
2\. Sf7 ‡
1\. . . . . ., Sa5†
2\. Da5 ‡
1\. . . . . ., Sc5†
2\. Dc5 ‡
1\. . . . . ., Sa1†
2\. Da1 ‡
1\. . . . . ., Sd4†
2\. Dd4 ‡

Eine der interessantesten, mannichfaltigsten zweizügigen Aufgaben, deren Pointe (Schwarz kann auf sechs verschiedene Arten Schach bieten) von Loyd meisterhaft durchgeführt ist. Allerdings scheint dem, für den Anfänger besonders lehrreichen Problem die Einheit zu fehlen; bei nur 2 Zügen aber und bei der Eigenartigkeit der Pointe war die Construction nicht anders zu gestalten.

18.

1\. Sg5 De1:
2\. Sg4 ‡
1\. . . . . ., Dg5:
2\. Dg3 ‡
1\. . . . . ., Dh3
2\. Dg1 ‡
1\. . . . . ., g3
2\. Dg1 ‡
1\. . . . . ., Sb6†
2\. Lb6 ‡

Hübsch componirt; lebhaftes, elegantes Variantenspiel!

19.

1\. Dg1, f4
2\. Dc5 ‡
1\. . . . . ., Kd6
2\. Dd4 ‡
1\. . . . . ., Kf4
2\. Lc7 ‡

Fein und lehrreich; erinnert an Nr. 1.

20.

1\. Df6, Kc6:
2\. Le8 ‡
1\. . . . . ., Ka6
2\. Sc7 ‡
1\. . . . . ., Kc4
2\. Df1 ‡
1\. . . . . ., c4 oder d4
2\. Sc7 ‡

Versteckte Lösung mit recht verschiedenartigen Varianten.

21.

1\. Dd7, Kg6
2\. Sf8 ‡
1\. . . . . ., Ke4
2\. Sg5 ‡
1\. . . . . ., L oder Se6:
2\. Dd3 ‡

Obgleich kein Opfer erfolgt, dennoch elegant; vortrefflich construirt.

22.

1\. Dd1, ed
2\. Te4 ‡
1\. . . . . ., de
2\. Da4 ‡
1\. . . . . ., h4
2\. De2 ‡

Auch ein recht gutes Problem mit directer Matdrohung; die Reinheit der Schlussstellung lässt indessen theilweise zu wünschen übrig.

23.

1\. Dd5, Ld5:
2\. Te1 ‡
1\. . . . . ., anders
2\. Dd4 oder Da2 ‡

Ziemlich einfach, aber mit netter Pointe.

24.

1\. Da2, Td4:
2\. cd ‡
1\. . . . . ., Sc4
2\. Dh2 ‡

1. . . . . ., Sd3
2. De2 ≠
1. . . . . ., Le6, T beliebig
2. Sf3 ≠

Feiner Damenzug mit Zugzwangstellung im Gefolge; ohne hervorragende Schönheiten.

25.

1. Da4, L zieht
2. Sc3 ≠
1. . . . . ., Kd5
2. Da8 ≠
1. . . . . ., d5
2. De8 ≠

Sehr hübsches Problem, ebenfalls mit Zugzwang; die beiden Varianten sind nicht übel.

26.

1. Dc8, Kc3:
2. Sb5 ≠
1. . . . . ., Lc zieht
2. Sb5 oder e6 ≠
1. . . . . ., Se4
2. Se2 ≠
1. . . . . ., anders
2. Dh8 ≠

Man erkennt in dieser Composition die geübte Meisterhand. Für denjenigen, der sich noch nicht viel mit Problemen beschäftigt hat, wird der Einleitungszug ziemlich schwer zu finden sein.

27.

1. Dd7, Kh3
2. Th2 ≠
1. . . . . ., Kh5
2. Dh7 ≠
1. . . . . ., Sg zieht
2. Lg5 ≠

Zeichnet sich durch eine scharfe, verhältnissmässig neue Idee aus.

28.

1. Sb6, Kd4:
2. Da1 ≠
1. . . . . ., Ld4:
2. Db8 ≠
1. . . . . ., f4
2. Td5 ≠
1. . . . . ., anders
2. Sc4 ≠

Bietet eine elegante, aber schon oft benutzte Hauptmatstellung mit hübschem Anfangszug.

29.

1. Th5, Ke5:
2. Df4 ≠
1. . . . . ., g4
2. Te4 ≠
1. . . . . ., c5
2. Td5 ≠
1. . . . . ., S zieht
2. De3 ≠

Hat eine gute, nicht nahe liegende Pointe; man vergl. Nr. 25.

30.

1. Tg5, Ke5
2. Da1 ≠
1. . . . . ., fg
2. Dd4 ≠
1. . . . . ., c5
2. Df6 ≠
1. . . . . ., Kc5
2. Df8 ≠

Eine sorgfältig ausgearbeitete Aufgabe mit recht netten Wendungen.

31.

1. Sd8, S zieht
2. Sc6 ≠
1. . . . . ., Ka6:
2. Da4 ≠
1. . . . . ., Kb8 oder a8
2. Sc6 ≠

Nicht besonders elegant, aber wohldurchdacht; in zweizügigen Aufgaben überwiegen die Zugzwangstellungen.

32.

1. Dh7, S zieht
2. Lc4 resp. Sc3 ≠

1. . . . . ., Dh7:
2. Sc3 ≠

Eleganter, wie die vorhergehende Nummer, mit recht verstecktem Anfangszug.

33.

1. Dh2, Kd3
2. Se1 ≠
1. . . . . ., Kf3
2. Se3 ≠
1. . . . . ., f5
2. Se1 ≠
1. . . . . ., anders
2. Df4 ≠

Sehr gut construirt. Die Idee ist ähnlich, wie in einigen vorhergehenden Nummern, z. B. Nr. 21. Besonders hübsch ist die erste Matstellung.

34.

1. Da2, Kd5†
2. e4 ≠
1. . . . . ., c5
2. Da8 ≠
1. . . . . ., T zieht
2. Sc5 ≠
1. . . . . ., S zieht
2. Dc4 ≠

Feiner Einleitungszug mit ebenso feiner Pointe; die Construction lässt nichts zu wünschen übrig. Vergl. Nr. 11.

35.

1. De7, Kb7:
2. d8 S† ≠
1. . . . . ., De7:
2. Lg2 ≠
1. . . . . ., Sd7:
2. Dd7 ≠

Von dieser Aufgabe lässt sich ungefähr dasselbe sagen, wie von Nr. 26. Qualitativ steht sie wohl etwas höher.

36.

1. Df6, Ke3
2. Sc4 ≠
1. . . . . ., Sf6:
2. Sc2 ≠
1. . . . . ., Kd5
2. Dd8 ≠
1. . . . . ., S zieht
2. Sc2 ≠

Ein ganz nettes Problem, welches mehrere gute Pointen enthält; z. B. die Fesselung der Springer nach Kd5 und die verschiedenen Springermats; vergl. in letzterer Hinsicht Nr. 21.

37.

1. Tg4, Ke4:
2. Dc6 ≠
1. . . . . ., S oder T zieht
2. Da2 ≠
1. . . . . ., c5
2. Sc3 ≠
1. . . . . ., Ke6
2. Lg8 ≠

Vortrefflich construirt; die beiden Damenmats sind elegant.

Directe Mats in drei Zügen.

38.

1. Da8, Sa8:
2. Lg7, Le4: oder Ke4:
3. Le6 resp. b1 ≠
1. . . . . ., La8:
2. Tf4 †, Ke5:
3. Sg6 ≠
1. . . . . ., Le4:
2. Le6†, Ke5:
3. Da1 ≠
1. . . . . ., Ke4:
2. Lb1†, Ke5:
3. Da1 ≠
1. . . . . ., Sd7
2. De8, beliebig
3. Lb1, Tf4: oder De6 ≠

Eine der schönsten dreizügigen Aufgaben, ein Muster an Eleganz und an Leichtigkeit der Construction. Vier reizende Varianten, deren jede einzelne einem Problem als Hauptspiel zur Zierde gereichen würde, sind hier meisterhaft zu einem harmonischen Ganzen vereinigt.

39.

1. Tc2, dc
2. Lh6 beliebig
3. Le3 ‡

Einfache, leichte Composition mit guter Pointe.

40.

1. Sd6, Kd4:
2. Sc6†, Kc5
3. Lb4 ‡
1. ....., Sh zieht
2. Sc6†, Ke6
3. Lf5 ‡

Nett componirt, interessante Matstellung.

41.

1. Te8, Lh2:
2. Dd3†, Ld3:
3. e3 ‡
1. ....., L4 zieht
2. Dg3, Le4
3. Dg1 ‡
2. ....., Lg3:
3. Sf3 ‡

Nicht eben schwierig, aber recht elegant.

42.

1. De6, De6:
2. Td1†, Ke5
3. f4 ‡
1. ....., Le5
2. Dd7†, Dd7:
3. Td1 ‡
1. ....., Tb6 oder d8
2. Td1†, Dd1:
3. De4 ‡

43.

1. Se4, Ke4:
2. Df3†, Kf3:
3. Sg5 ‡
1. ....., g6 oder g5
2. Dd6†, Sd6:
3. Sf6 resp. c3 ‡
1. ....., c5
2. Lb7†, Ke6:
3. Sc5 ‡

Befriedigt den Löser, der nur geringe Mühe aufzuwenden haben wird, durch drei hübsche Spiele.

44.

1. Tb2, Lb2:
2. Lh4, beliebig
3. Lf2 ‡
1. ....., ab:
2. Ld8, beliebig
3. Lb6 ‡
1. ....., anders
2. Sa3:, beliebig
3. Sc4 ‡

Der Verfasser dieser Aufgabe bringt in manchen seiner Compositionen mit besonderer Geschicklichkeit dieselbe Matstellung in doppelter Weise zum Ausdruck. Wir werden In einigen späteren Nummern diese hübschen Doppelwendungen noch mehr, als in dieser, zu bewundern Gelegenheit haben.

45.

1. Dd6, Dd6‡
2. Sc5†† Kd5:
3. Le4 ‡
1. ....., Lc2:
2. f3†, Kd3: oder f5
3. Sf4†† oder Se3 ‡
1. ....., Kf5
2. Dg6†, Kg6:
3. Se5 ‡ ‡

Ein allerliebstes Problem, in welchem drei elegante Varianten tadellos vereinigt sind. Obgleich im Hauptspiel die weisse Dame mit Schach genommen wird, dürfte der erste Zug doch nicht schwer zu finden sein.

46.

1. Sc5, Sc4 oder c6
2. Td5†, Kd5:
3. Lc4 resp. Le6 † ‡
1. . . . . ., Tg7†
2. Lg6†, f5
3. Tf5 ‡

Interessante Doppelwendung; vgl. Nr. 44.

47.

1. Sh4, Sd3
2. De4†, K oder Te4:
3. Tc4 oder Sf3 ‡
1. . . . . ., Lh4:
2. Df4†, T oder Se4
3. Dd6 resp. De3 ‡
1. . . . . ., Sf5
2. Sf5 ‡ Lf5:
3. Sb5 ‡
1. . . . . ., Sa4
2. Dd1†, Ke4
3. Tc4 ‡
1. . . . . ., anders
2. Dc3†, Ke4
3. De3 resp. c4 ‡

Hübsche Matstellungen im Hauptspiel und Variantenreichthum bei ziemlicher Schwierigkeit.

48.

1. Da6, Kg6:
2. Se7††, Kg7
3. Da1 ‡
1. . . . . ., Lg6:
2. e4†, fe oder Kf6
3. Df1 oder a1 ‡
1. . . . . ., c4
2. Se7† etc.
1. . . . . ., Lc6:
2. Dd3† etc.

Sehr feiner erster Zug, piquante Variante — ein sehr gutes Problem!

49.

1. Sd3, Kd5:
2. Dh4, beliebig
3. Dd8 ‡
1. . . . . ., ed
2. Sf2†, Kf5 oder d4
3. g4 oder Db6 ‡

Auch diese Composition enthält reizende Varianten und sehr verschiedenartige Matstellungen; hervorzuheben sind noch die geringen Mittel, mit denen so viele Abwechselung bewerkstelligt worden.

50.

1. Da5, Ke5:
2. Se7†, Kd4 oder e6
3. Sf5 oder De1 ‡
1. . . . . ., de oder fe
2. Se3 beliebig
3. Da7, Dc3 oder Sf5 ‡

Wiederum sehr interessante Stellungen; alle diese Erzeugnisse böhmischer Componisten sind so mannichfaltig, wie elegant, so piquant, wie lehrreich und von classischer Reinheit.

51.

1. Se4, Ke5:
2. Sg5†, K beliebig
3. Sh7 oder e6 ‡
1. . . . . ., de
2. Dd2†, Ke5:
3. Dd6 ‡
1. . . . . ., beliebig
2. Sd2 nebst
3. Sb3 oder Dc4 ‡

Zwei bekannte Meister haben hier ihre Kraft zu einer recht wohlgelungenen Composition vereint.

52.

1. Sh7, Se8
2. Dd7†, K beliebig
3. Sf8 oder Df5 ‡
1. . . . . ., Kf5 oder d5
2. Se7†, Ke4 oder e6
3. Sg5 oder Sf8 ‡
1. . . . . ., Sf7
2. Sf8† etc.
1. . . . . ., Sg6
2. Dg6‡ etc.

Hübsches Hauptspiel und geschickte Wendungen in den Varianten.

53.

1. Df1, Se6
2. Df5†, Kf5:
3. Lb1 ‡
1. ....., Sc4
2. Dd3†, Kd3:
3. Lb1 ‡
1. ....., Sa4
2. Df3†, Kf3:
3. Ld5 ‡
1. ....., Sf7
2. Lb1†, Kd5
3. Df7 ‡
1. ....., Lf4
2. Df4 ‡ etc.
1. ....., anders
2. Ke2, nebst
3. Df3 oder f4 ‡

Hohe Eleganz und grosser Variantenreichthum zeichnen diese Composition aus, welche eine der allerersten war, in denen mehrfache Damenopfer im Variantenspiel verwebt worden sind. Auch von dem Herausgeber dieses Büchleins waren zu jener Zeit bereits Probleme mit mehrfachem Damenopfer erschienen, erst in neuerer Zeit aber (seit beiläufig 5—6 Jahren) ist diese Branche von anderen Componisten (Braune, Schwede, der jungen böhmischen Schule etc.) mit Eifer cultivirt worden.

54.

1. Ld5, Tbd5:
2. Dd4, Td4:
3. Sg5 ‡
1. ....., Tdd5:
2. De5, Te5:
3. Sd2 ‡

Die Idee dieses Problemes, eine gute Idee (gegenseitige Verstellung schwarzer Steine) ist sehr oft variirt worden. Dieses ist eine der besten Ausarbeitungen derselben.

55.

1. Sf2, Kc4
2. Sd3 Kb3:
3. Dg8 ‡
1. ....., Kc5
2. Dc7†, Kd4
3. Tb4 ‡
1. ....., Sc8 zieht
2. Dd6† etc.
1. ....., a2
2. Tc3 etc.

Die Varianten in diesem Problem lassen zu wünschen übrig, das Hauptspiel aber ist scharf ausgeprägt.

56.

1. f5, Lg8:
2. Tf7, Kg5:
3. Le3 ‡
2. ......, Lg5:
3. Lg7 ‡
2. ....., Lf7:
3. Sf7 ‡
1. ....., Lb7 ‡
2. ....., Lg5:
3. Lg7 ‡

Es giebt Probleme, die man unwillkürlich den classischen beizuzählen sich bewogen fühlt, selbst wenn dieselben keine hervorragenden Schönheiten, keinen besonderen Glanz entfalten. So Nr. 56, welche die Prädicate „piquant" und „nett" verdient.

57.

1. Dg2, ab
2. Tf5, beliebig
3. Da8 ‡
1. ....., Kb5:
2. Tf5† beliebig
3. Dd5 ‡
1. ....., e5
2. Dd2 etc.

Einfaches, gutes Problem mit hübschem Anfangszug.

58.

1. De8, Se8:
2. Sd7, Ld6 oder Td7:
3, Lb7 oder Ta8 ‡
1. .... Te8:
2. Sc6 nebst
3. Tc7 oder a8 ‡

Von diesem Erzeugniss gilt dasselbe, wie von Nr. 56.

59.

1. Kg2, Kh4†
2. Kf3 nebst
3. Dh1 ‡
1. ....., Tf5
2. Dd1†, Kf4
3. Dd4 ‡
1. ....., Sf8
2. Df3†, Kh4
3, Dg3 ‡
1. ....., Sf6
2. Df6:, beliebig
3. Dh4 oder f3 ‡

Die Compositionen Loyd's zeichnen sich fast ausnahmelos durch witzige, scharfe Pointen aus; dagegen sind ihre Stellungen häufig recht verzwickt, was theilweise an den originellen Ideen selbst liegen mag. Die von uns wiedergegebenen Aufgaben dieses Meisters trifft nur das Lob, nicht der erwähnte Tadel, denn wir haben von unschönen Positionen überhaupt möglichst abgesehen.

60.

1. Dg8, Ta6:
2. Dg6, Tg6
3. Ta5 ‡
1. ....., Ta7
2. Dh7, Th7:
3. Ta5 ‡
1, ..., Ta3
2. Dg6 etc.
1, ..., Ka2
2. Db3 ‡ etc.

Die verschiedenen Damenwendungen in den beiden ersten Spielen sind äusserst interessant.

61.

1. Dd6, Ke8
2. De5, K beliebig
3. e8 D ‡

Ein Muster an Einfachheit, ein classisches Exempel!

62.

1. Lh7, beliebig
2. Dg6, beliebig
3. Dd3 oder e4 ‡

Auch ein treffliches Problem! Der weisse Läufer muss der Dame Platz machen.

63.

1. Tg3, beliebig
2. Tg7 (†), beliebig
3. De5, d6, c7 oder b8 ‡.

64.

1. Th1, Ke3
2. Th4, beliebig
3. Th3 oder e4 ‡
1. ....., Kc3
2. Th2, beliebig
3. Db2 oder c2, oder Th3 ‡

Besitzt einige Aehnlichkeit mit Nr. 5, oder vielmehr Nr. 5 besitzt Aehnlichkeit mit Nr. 64, denn letztere ist weit älteren Datums.

65.

1. Dd8, de
2. Se1, beliebig
3. Dh4 oder d3 ‡
1. ....., Kd5
2. Dg8†, K beliebig
3. Dc4 ‡
1. ....., f4
2. Dd6:, Kf5
3. Dg6 ‡

Von den Aufgaben J. B.'s of Bridport kann fast insgesammt das zu

Nr. 56 Bemerkte gesagt werden; sie sind nahezu durchgängig musterhaft.

66.

1. Ka7, f4
2. Da5†, f5
3. Dd8 ‡

Selten besitzt ein Problem eine so scharfe und so trefflich zum Ausdruck gebrachte Pointe; der König muss auf das Feld a7, da er sonst entweder im Wege sein oder Schach bekommen würde.

Directe Mats in vier Zügen.

67.

1. Df2, e5
2. Df1, c6
3. Th5 ‡†, gh oder Kh5:, Lh5:
4. Da6 oder h3 oder f8 ‡

1. . . . . ., gh oder g4
2. De3†, g5
3. Dd4, beliebig
4. Dg7 oder d6 ‡

1. . . . . ., c5
2. Df3: etc.

Ein ausserordentlich feines, tief angelegtes Problem, welches dem besten Löser Kopfzerbrechen verursachen wird. Höchst interessant sind die verschiedenen Damenmats.

68.

1. Sa7, Kf4
2. Sc8, Ke5
3. Se7, beliebig
4. Sc6 oder g6 ‡

Einfach und leicht, aber recht niedlich.

69.

1. Sd7, Tc6
2. Tg5, Sb5
3. Tc5†, Tc5:
4. Sb6 ‡

2. . . . . ., Sc8
3. Ta5, beliebig
4. Sb6 oder e5 ‡

Steht schon wesentlich höher, als die vorhergehende Nummer.

70.

1. Le6, Se6:
2. Sd4, Sd4:
3. Lf2 nebst
4. b7 ‡

Nachdem Weiss zwei Officiere geopfert hat, glückt es dem dritten, in einen Hinterhalt zu gelangen und dem feindlichen König den Weg abzuschneiden. Ein Problem, welches alles Lob verdient.

71.

1. Tb7, Te3:
2. Td7 ‡†, Kc5:
3. Ld5, beliebig
4. Se6 ‡

1. . . . . ., Ke7
2. Td7 ‡†, Kf8
3. Lf7, beliebig
4. Se6 ‡

Eine der allerliebsten Doppelwendungen, welche Braune so hübsch auszuarbeiten versteht.

72.

1. Le8, Lf4:
2. Dh5†, Sh5:
3. Sf3†, Kg4 oder h3
4. Ld7 ‡

1. . . . . ., Le3†
2. Kg2, Lf4:
3. Dg4†, Sg4:
4. Sf3 ‡

1. . . . . ., Kh3
2. Df3† etc.

Mit acht Steinen haben die Verfasser hier ein Meisterstück an Eleganz geliefert.

73.

1. Sd3, Kb5
2. Se1, Kc6
3. Sf3, beliebig
4. Lb7 oder Sd4 ǂ
1. . . . . ., Kd5:
2. Lb7†, Kd4
3. Se1, beliebig
4. Lc7 oder Sf3 ǂ.

74.

1. Sg3, Lg5
2. Kh5, Ld8
3. Df4†, Kf4:
4. Ld6 ǂ
2. . . . . ., Kf6
3. Dd7 nebst
4. De7 oder d6 ǂ
2. . . . . ., Ke6
3. De8† etc.
1. . . . . ., Ke6
2. De8† etc.

Eine feine, höchst elegante Aufgabe, in welcher namentlich der Königszug von Weiss, durch den dem schwarzen König scheinbar Raum gegeben wird, sowie die zahlreichen Mats von Dame und Läufer hervorzuheben sind.

75.

1. Lb5, Sd3
2. Sf4†, Lf4:
3. De4†, Ke4:
4. Lc6 ǂ
1. . . . . ., Sd7
2. Sc7†, Lc7:
3. Lc6†, Kc6:
4. De4 ǂ

In diesem Problem ist eine sehr schöne Doppelwendung ausgezeichnet durchgeführt.

76.

1. Ta8, La8:
2. Sc8, Ke5:
3. De3†, K beliebig
4. Sb6 oder e7 ǂ
2. . . . . ., Te5:, de oder fe
3. Dd2†, K beliebig
4. Sd6 (:) ǂ
1. . . . . ., Te5: oder de
2. Dd2†, beliebig
3. Ta4‡ etc.
1. . . . . ., anders
2. De3†, Kc4
3. Ta4‡, Kb5
4. Db3 ǂ

Prächtige, sehr verschiedenartige und doch wieder ähnliche und analoge Matstellungen von Dame und Springer gewähren dem Löser eine hohe Befriedigung.

77.

1. Sa5, ba
2. Dc6:, Sc6:
3. Sf7†, K beliebig
4. Lb3 oder Lg5 ǂ
2. . . . . ., Kf4
3. Dd6†, beliebig
4. Dh6 ǂ
1. . . . . ., c5
2. Df4†, Kf4:
3. Sg6†, Ke3
4. Sc4 ǂ
1. . . . . ., e3
2. Sc4†, Ke4
3. Dg5 etc.

Wiederum ein meisterhaft ausgearbeitetes Problem, mit mehrfachen, sehr eleganten Varianten. Ob ein einziger der zwölf Meister, denen dasselbe zugeeignet, sich der Mühe der ziemlich schwierigen Lösung unterzogen hat?

78.

1. Sa4, Kd5
2. Tb1, Kc6: oder Kc4
3. Sb6 (†), Kb7, b6:, b5
4. Sa5: resp. Sd4 ǂ

2. . . . . ., Ke4
3. Sc3†, Kf3
4. Tf1 ‡
1. . . . . ., f4
2. Sd4†, Kd5
3. Tc5†, Ke4
4. Sc3 ‡

Ein echter Klett! Mit solcher Bezeichnung ist dieses vorzügliche Erzeugniss gebührend gewürdigt!

79.

1. Th6, c5
2. Th1, cb
3. Ta1, b3 oder a3:
4. ab oder Td4 ‡
2. . . . . ., c4
3. Td4:, c3
4. Lc5 ‡
1. . . . . ., c6
2. Tc6:, Tc5
3. Ta6†, Tb5
4. Ta5 ‡
2. . . . . ., Tb4:
3. Td6†, beliebig
4. Td4 oder a6 ‡

Finis coronat opus! Ein sehr feines, schwieriges Problem, welches nur um ein Minimum der unvergleichlichen Nr. 67 nachsteht.

Selbstmats.

80.

1. Dd8, Da1
2. Dg8†, Sf7 † ‡
1. . . . . ., anders
2. Dg5†, Sf5† ‡

Wenn die mit dem ersten Zuge von Weiss eintretende Drohung 2. Dg5† parirt wird, so entsteht ein analoges Gegenspiel. Ein fein und sauber ausgearbeitetes Selbstmat!

81.

1. Lc2, Se6
2. Df3†, Sf4 ‡
1. . . . . . . anders
2. De4†, Ke4 ‡

Obwohl minderwerthig, als Nr. 80, verdient doch auch dieses Erzeugniss alles Lob.

82.

1. Se1, Lg2
2. Df4†, Kf4 ‡
1. . . . . ., Tf2:
2. Tc4†, Lc4 ‡
1. . . . . ., Td2:
2. Sd6†, Td6 ‡
1. . . . . ., Lh3†
2. Df5†, Lf5 ‡

Complicirter, als die beiden vorhergehenden Nummern, voll hübscher Ideen, aber nicht so klar und durchsichtig.

83.

1. Lb6†, Kd3
2. Dd2†, ed
3. Lg1 Le2 ‡

Sehr einfach und fasslich; aus diesem Problem wird dem Anfänger die Gattung der Selbstmats am Ehesten klar werden.

84.

1. Db4, Sb6
2. Sd2†, Ke3
3. Df4†, Sf4:
4. Sc4†, Sc4 ‡
1. . . . . ., Sc7
2. Sd2†, Ke3
3. Db6†, Sb6:
4. Sc4†, Sc4 ‡

Nicht allzu schwierig; Doppelwendung des Springers mit analoger Matstellung; vortrefflich construirt.

Anhang.

I.

Das Reitergefecht bei Buzancy.*)

Die Tage der blutigen Schlachten bei Metz waren vorüber. Der Kronprinz Friedrich Wilhelm von Preussen, der Sieger von Weissenburg und Wörth, mit der dritten Armee, und der Kronprinz Albert von Sachsen, der Sieger von St. Privat, mit der neugebildeten vierten, der Maasarmee, hatten den Vormarsch nach Paris angetreten, während der Prinz Friedrich Carl von Preussen mit der ersten (General v. Steinmetz) und zweiten Armee das „Eisennetz" bildete, welches den Marschall Bazaine und die Festung Metz umschliessen sollte. Da erhält das königl. Hauptquartier die Kunde, dass der Marschall Mac Mahon mit seiner im Lager von Châlons wieder geordneten und ergänzten Armee aufgebrochen sei. Wohin? Möglicherweise nach Metz und zwar im grossen Bogen gen Norden zu, das bei Metz eingeschlossene Heer zu befreien. Die beiden Kronprinzen erhalten Befehl, unter Frontveränderung nach Norden den Feind aufzusuchen; der Kronprinz von Sachsen ist so glücklich, Fühlung mit demselben zu bekommen, wie das nachstehende Diagramm veranschaulicht.

Das Reitergefecht bei Buzancy, den 28. August 1870.

*) Aus der „Deutschen Schachzeitung" v. J. 1871.

Erklärung. Die Weissen stellen eine Abtheilung der Vorhut der Maasarmee, bestehend aus Cavallerie und Artillerie, die Schwarzen der französischen Armee linken Flügel, welcher nordöstlich nach Sedan und Stenay zu dirigirt wird, dar.

Gang des Gefechts.

Weiss.	Schwarz.
1. Sd3—c5† (a)	Kd7—c8 (b)

a) Die sächsische Cavallerie eröffnet mit grosser Bravour das Gefecht; das 3. sächsische Reiterregiment stürzt sich mit Ungestüm auf den Feind und zwingt ihn zurückzuweichen.

b) Da der Feind sieht, dass ein Vorwärtsgehen (nach e8, östlich) seinen völligen Untergang nach sich ziehen würde, so entschliesst er sich, den Kampf aufzunehmen.

2. Se4—d6† (c)	Kc8—b8 (d)

c) Das 2. Sächsische Ulanenregiment Nr. 18 geht mit Hurrah vorwärts, um die Waffenbrüder in dem Angriff zu unterstützen.

d) Der feindliche Commandeur, ausser Stande, über seine schon weiter vorgerückten übrigen Truppen zur Abwehr des unvorhergesehenen Angriffs in geeigneter Weise disponiren zu können, sieht sich genöthigt, immer weiter zurückzuweichen, und zwar geht er wohlweislich auf das Feld b8, da er durch Ferngläser eine zwar weit entfernte, aber wohl aufgestellte sächsische leichte Feldbatterie entdeckt hat, deren verderblichem Feuer er auf dem Felde c7 allzusehr ausgesetzt zu werden fürchtet. (2. . . ., Kc8—c7 3. Sd6—c4†, Te7—e5 4. Te1—e5:, Df8—c5: 5. Te5—e7††, Kc7—c8 6. Df2—c5:, Sd8—e6 7. Sc4—b6†', Kc8—d8 8. Dc5—d6 ǂ, oder 4. . . ., Sc6—c5: 5. Lh2—e5‡, Df8—d6 6. Le5—d6‡ etc., oder 4. . . ., Sd8—e6 5. Te5—e6‡', Kc7—d8 6. Df2—d2† etc.)

3. Sd6—c4† (e)	Te7—e5 (f)

e) Die Folge zeigt aber, dass der feindliche Commandeur die Tragweite selbst der leichteren Krupp'schen Geschütze weit unterschätzt hat, denn der Befehlshaber der sächsischen Heeresabtheilung zieht ohne Aufenthalt das Ulanenregiment zurück, demaskirt die erwähnte Batterie und lässt ein verheerendes Granatenfeuer auf den Feind eröffnen.

f) Dieser glaubt dem durchaus unerwarteten Angriff am Besten dadurch zu begegnen, dass er seinerseits eine schwere Feldbatterie vorschickt, welche jedoch in der Verwirrung des Augenblicks nicht mit genügender Munition versehen werden kann und daher

4. Te1—e5: (g) Tg7—c7 (h)

g) durch eine schon bereit stehende sächsische 6-Pfünderbatterie mit Leichtigkeit zum Schweigen gebracht wird.

h) Der Feind wagt es nicht, ein vor Kampflust brennendes Regiment Chasseurs à cheval auf diese Batterie zu werfen, sondern zieht es vor, eine zweite Batterie zur Deckung heranzuziehen. Eine von der französischen republikanischen Regierung in Tours (welche in diesem Schritte des Commandeurs einen unverantwortlichen Fehler zu erblicken glaubte und ihn deshalb zur Rechenschaft ziehen wollte) später eingesetzte Untersuchungs-Commission war anfangs der Ansicht, dem Dictator Gambetta Recht geben zu sollen; es ergab sich jedoch nach genauen Recherchen, dass der tapfere Commandeur, welcher von seiner bei dem Kampfe erhaltenen schweren Wunde noch nicht einmal wieder hergestellt war, von jedem Vorwurf freizusprechen sei. Die Commission fand nämlich, dass auf 4. Sc6—e5: gefolgt wäre: 5. Lh2—e5‡, Df8—d6 6. Le5—d6‡, Tg7—c7 7. Sc5—d7†, Kb8—a8! 8. Sc4—b6† etc., wodurch das Blutvergiessen für die Franzosen, ohne ihnen auch nur einen geringen Vortheil mehr zu bringen, ein um so grösseres geworden wäre, während die Deutschen weniger gelitten hätten.

5. Sc5—d7† (i) Tc7—d7: (k)

i, k) Die braven sächsischen Reiter sprengen kühn mitten in das Feuer der feindlichen Artillerie, bedrohen aufs Neue den bestürzten Gegner, nöthigen ihn, sich zur Vertheidigung gegen sie eine Blösse in der Flanke zu geben, und besiegeln ihre Tapferkeit mit dem Heldentode.

6. Te5—e7† (l) Df8—f4 (m)

l) Da setzt sich im richtigen Moment die 6-Pfünderbatterie wieder in Bewegung, nimmt eine Stellung ein, von der aus sie einen entscheidenden Druck auf die feindlichen Heermassen ausübt, und verstattet gleichzeitig der trefflich postirten leichten Feldbatterie ihr Feuer wieder auf den Feind zu eröffnen.

m) Dem neuen ungestümen Angriff wirft sich verzweifelnd der französische Befehlshaber selbst entgegen,

7. Lh2—f4† (n) Kb8—a8 (o)

n) doch nur, um tödtlich getroffen zu Boden zu sinken.

o) Da ergreift ein jäher Schrecken seine sonst so todesmuthigen Truppen: sauve qui peut! ertönt's und man wagt es nicht mehr, weder Reiter noch Geschoss dem furchtbaren Feind entgegenzustellen, sondern sucht sich durch die Flucht zu retten.

8. Sc4—b6† (p) Ka8—a7 (q)

p) Doch siehe, der Oberst des 2. sächsischen Ulanenregiments Nr. 18 setzt sich mit seinen braven Ulanen zur unerbittlichen Verfolgung des Feindes in Bewegung, so dass

q) derselbe sich genöthigt sieht, sich nochmals gegen die Gegner zu wenden.

9. Sb6—c8†† (r) Ka7—a8 (s)

r) Die behenden Reiter aber wissen so geschickt auszuweichen, dass der Feind dem Feuer einer im Hinterhalt befindlichen Abtheilung Artillerie ausgesetzt wird und

s) abermals zurückweichen muss.

10. Df2—a7† (t) Sc6—a7: (u)

t) Jetzt rückt auch diese in der Reserve verbliebene Abtheilung vor, dem Feinde den Todesstreich zu versetzen.

u) Zwar gelingt es demselben mit Hülfe seines Regiments Chasseurs à cheval, diesen Angriff nochmals zurückzuweisen, doch nur

11. Se8—b6 ‡ (v)

v) um dem erneuten Anprall der wackern Ulanen gegenüber das Gewehr zu strecken.

Vivat Saxonia victrix!

Cantor Moritz in Dohna bei Dresden.

II.

Curiosa, Humoristisches etc.

Das Schäfermat.

1. e2—e4	e7—e5		3. Dd1—h5	Sg8—f6
2. Lf1—c4	Lf8—c5		4. Dh5—f7†.	

Das Narrenmat.

1. f2—f3	e7—e6		2. g2—g4	Dd8—h4 ‡.

Läuferspiel.

Legal Weiss (ohne Ta1)	Schachfreund Schwarz
1. e2—e4	e7—e5
2. Lf1—c4	d7—d6
3. Sg1—f3	Sb8—c6
4. Sb1—c3	Lc8—g4
5. Sf3—e5:	Lg4—d1:

Weiss setzt in zwei Zügen mat.

Springerspiel.

A. B. Meek Weiss	Schachfreund Schwarz
1. e2—e4	e7—e5
2. f2—f4	e5—f4:
3. Sg1—f3	d7—d5
4. Sb1—c3	d5—e4:
5. Sc3—e4:	Lc8—g4
6. Dd1—e2	Lg4—f3:
7. Se4—f6 † ‡.	

Abgelehntes Damen-Gambit.

J. Minckwitz Weiss	L. P. . . . . . Schwarz
1. d2—d4	d7—d5
2. c2—c4	Sb8—c6
3. c4—d5:	Dd8—d5:
4. Sg1—f3	Lc8—f5
5. Sb1—c3	Dd5—a5
6. Lc1—d2	Sg8—f6
7. e2—e4	Aufgegeben

Schwarz verliert einen Officier, da durch Sc3—d5 Damenverlust droht.

Sicilianische Eröffnung.

(Gespielt zu Düsseldorf.)

G. Schnitzler Weiss	Hardung Schwarz
1. e2—e4	c7—c5
2. Sg1—f3	Sb8—c6
3. Lf1—c4	d7—d6
4. Sb1—c3	Lc8—g4
5. Lc4—f7‡	Ke8—f7:
6. Sf3—g5†	Kf7—f6
7. Dd1—g4:	g7—g6
8. Dg4—f4†	Kf6—g7
9. Sg5—e6 ‡.	

Läufer-Gambit.

(Gespielt zu Leipzig.)

Braune	Schwartze
Weiss	Schwarz
1. e2—e4	e7—e5
2. f2—f4	e5—f4:
3. Lf1—c4	g7—g5
4. h2—h4	f7—f6?

Weiss setzt in fünf Zügen mat.

5. Dd1—h5†	Ke8—e7
6. Dh5—f7†	Ke7—d6
7. e4—e5† etc.	

Springerspiel.

J. A. Potter	Schachfreund
Weiss	Schwarz
1. e2—e4	e7—e5
2. Sg1—f3	d7—d6
3. Lf1—c4	Lc8—d7
4. c2—c3	Sg8—f6
5. Dd1—b3	Dd8—e7
6. Db3—b7:	Ld7—c6
7. Db7—c8†	De7—d8

und Weiss gewinnt durch Lc4—f7‡ die Dame oder setzt mat.

Wiener Partie.

Schachfreund	Nathan
Weiss	Schwarz
1. e2—e4	e7—e5
2. Sb1—c3	Sg8—f6
3. f2—f4	d7—d5
4. d2—d4	Lf8—b4
5. f4—e5:	Sf6—e4:
6. Lc1—d2	Dd8—h4†
7. Ke1—e2?	

Schwarz giebt ein sehr feines Mat in drei Zügen.

Sicilianische Partie.

(Höchst eigenthümliche Berathungspartie mit gediegenen erläuternden Glossen.)

Dr. Göring und J. Minckwitz	J. Minckwitz und Dr. Göring
Weiss	Schwarz
1. e2—e4	

Ein sehr starker Zug!

1. . . . . .,	c7—c5

Der Nachziehende versucht, die Partie verwickelt zu gestalten.

2. d2—d4	c5—d4:
3. Lf1—c4	e7—e5
4. Sg1—f3	Lf8—b4†

Schwarz greift muthig an.

5. c2—c3 d4—c3:
6. Sf3—e5: Sg8—h6

Schwarz könnte durch c3—c2 die feindliche Dame erobern, zieht es aber vor, zunächst den gar nicht sehr gefährdeten König zu schützen.

7. Lc1—h6:

Beginn einer ausgezeichneten Combination, welche, da Schwarz in geeigneter Weise auf die Intentionen des Gegners eingeht, zu einem herrlichen Ende hinausgeführt wird.

7. ..... c3—b2†
8. Ke1—e2 b2—a1: D
9. Lh6—g7:

Unbesorgt um die zweite feindliche Dame, verfolgt Weiss energisch seinen Plan.

9. ....., Th8—g8

Dieser Zug rettet den Thurm.

10. Dd1—d6

Aeusserst elegant und incorrect gespielt! Man vergleiche die Bemerkung zum 7. Zug.

10. ..... Lb4—d6:
11. Sb1—c3 Da1—h1:

Schwarz verzehrt mit Gemüthsruhe Stein auf Stein; er hat offenbar guten Appetit, aber — allzuviel ist ungesund!

12. Lc4—f7† Ke8—e7

Der Wahn ist kurz, die Reu ist lang!

13. Sc3—d5 ‡.

III.

Schachsymbolik.

(Vom Seminarlehrer Hoepfner in Bunzlau.)

Mat in drei Zügen.

Wir sehen hier zweierlei vor uns: Erstens das Bäuerlein Bezwei, welches durch ein **Thor** gehen will, und zweitens — ein Mat in drei Zügen. Schachfreunde interessirt zunächst das Letztere; wir thun also unseren ersten Zug

1. **Te7—e4** .....

und siehe da, der Thorbogen fällt ein und es entsteht ein **H.** Unser Gegner antwortet

1. ..... **f5—e4:**

und wir sehen plötzlich ein **Damenschränkchen** mit Aufsatz und Verzierung. Da dieses Möbel für uns unbrauchbar ist, lassen wir uns nicht verblüffen und spielen weiter

2. **Sf6—g4** .....

um einen **Lehnstuhl** zu gewinnen. Freilich verdirbt uns der Gegner die Freude, da durch seinen starken Zug

2. ..... **e4—e3**

das Sitzbret entzweibricht. Wir revanchiren uns jedoch glänzend und erobern durch 3. **Sg4—e5** + ein hübsches **Stehpult.**

Dass das arme Bäuerlein Bezwei in gerechtem Erstaunen über solche grossartige Vorgänge wie angewurzelt stehen geblieben ist, das wird wohl Niemanden Wunder nehmen.

(Deutsche Schachzeitung 1875.)

IV.

Der Rösselsprung.

Der Rösselsprung ist eine dem Schachspiel entstammende Aufgabe, deren älteste bekannte Versuche aus dem sechzehnten Jahrhundert herrühren. Bewegt man ein Rössel (Springer) in regelrechter Reihenfolge über sämmtliche Felder des Schachbretes, so vollendet man einen sogenannten Rösselsprung. Wir beginnen auf einem beliebigen Felde, z. B. auf e4, und berühren in der nachstehenden Reihenfolge: e4, g3, h1, f2, h3, g1, e2, f4, d3, b4, a2, c1, b3, a1, c2, d4, b5, a3, b1, c3, a4, b2, d1, e3, c4, a5, b7, d8, c6, a7, c8, e7, d5, b6, a8, c7, a6, b8, d7, c5, e6, g5, h7, f8, g6, h8, f7, e5, g4, h6, g8, f6, h5, g7, e8, d6, f5, h4, g2, e1, f3, h2, f1, d2 sämmtliche Felder. Endigt ein Rösselsprung, wie z. B. der soeben gegebene, auf einem Felde, welches sich durch einen Springerzug an das Ausgangsfeld anschliesst, so ist die Kette völlig in sich geschlossen, und man bezeichnet einen solchen Rösselsprung als einen „geschlossenen". Ausserdem giebt es symmetrische Rösselsprünge, welche, wenn man die Felder, die das Rössel berührt, durch Linien miteinander verbindet, hübsche Figuren, wie Sterne, Gitter, Quadrate, Räder etc. vorstellen können. Ferner giebt es „gleichsummige" Rösselsprünge, in denen die durch den nummerirten Gang des Springers entstehenden Summen der acht Felder jeder Reihe dasselbe Resultat ergeben. Sodann hat man besonders in neuerer Zeit sehr schöne symmetrische Rösselsprünge von 96 Feldern, und dergleichen in achteckiger (Vierschachbreter-) Form von 120 und 160 Feldern ausgedacht. Rösselsprünge sind als eine hübsche Spielerei zu betrachten. In illustrirten und anderen Zeitschriften findet man häufig Rösselsprünge, in welchen auf jedes der 64 Felder eine Sylbe oder ein Wort gesetzt ist. Diese Sylben ergeben, nach der Reihenfolge eines Rösselsprunges aneinandergefügt, meist ein kleines Gedicht.

Rösselsprünge, besonders symmetrische und gleichsummige, anzufertigen ist keineswegs leicht.

Gleichsummiger Rösselsprung.

das	d'rauf	ist	lernt's	ein	nicht	tet	ganz
viel	cher	mü-	lich	zeit	er-	spiel	ben
er-	schach	so	gar	im	schwe-	der	kos-
man-	he	picht	und	staun-	und	le-	res
und	no	der	euch	noch	rath	re-	lie-
schacht	ich	hat	mi-	lang	ber	macht	ten
und	je-	d'rum	wird	den	mat	spielt	jah-
geb'	ge-	skat	schon	do-	der	gu-	ge-

Lösung.

1	30	3	20	5	24	11	26
16	19	14	29	12	27	8	23
31	2	17	4	21	6	25	10
18	15	32	13	28	9	22	7
33	62	35	52	37	56	43	58
48	51	46	61	44	59	40	55
63	34	49	36	53	38	57	42
50	47	64	45	60	41	54	29
260	260	260	260	260	260	260	260

Berichtigungen.

S. 73: Steinitz heisst nicht J. H. St., sondern Wilhelm St.

S. 100: Der Zug 2. e2—e4 in der Holländischen Partie rührt nicht von dem französischen Meister Jules Arnous de Rivière her, wie von verschiedenen Seiten irrthümlich behauptet worden, sondern wird bereits von Staunton (Handbook 1847, S. 399) ausführlich erläutert.

Schlusswort.

Ueber das Verhalten beim Spiel.

Zum Schluss legen wir den Schachjüngern noch einige Verhaltungsmaassregeln für das Benehmen während des Spiels ans Herz.

Um das Schachspiel zu einer für beide Spieler angenehmen Unterhaltung zu gestalten, ist gegenseitige Rücksichtnahme der Spieler durchaus erforderlich. Man hüte sich daher vor Aneignung übler Angewohnheiten, die störend und unangenehm für den Mitspieler sind. Namentlich vermeide man einen Stein zu berühren, ehe man fest entschlossen ist, denselben zu ziehen. Obwohl ein berührter Stein nach den Spielgesetzen (siehe Seite 31, §. 5) auch gezogen werden soll, so findet man doch häufig Spieler (namentlich unter den Anfängern, die meist zu schnell spielen wollen), welche bald hier, bald da einen Stein anfassen, wieder loslassen, einen Zug thun und sehr oft gegen den Willen des Gegners ihn gar zurücknehmen wollen.

Ein richtiger Schachspieler muss Selbstbeherrschung, Ruhe und Besonnenheit besitzen. Gleichviel ob eine Partie für ihn gut oder schlecht steht, muss er sich in die augenblickliche Situation zu finden wissen und niemals, wenn der Gang der Partie sich nicht nach seinem Wunsch gestaltet, Verstimmung darüber an den Tag legen oder der letzteren gar durch Redensarten Ausdruck geben, wie man dies leider selbst bei sonst recht gebildeten und gesellschaftlich angenehmen Leuten gar nicht selten findet. Derartige Vorkommnisse machen dem Gegner das Weiterspielen oft zu einer wahren Qual.

Alle derartigen üblen Angewohnheiten: als Züge zurückzunehmen, laut zu denken, auf dem Schachbrette unentschieden über den nächsten Zug herumzutippen, über Kleinigkeiten ärgerlich zu werden oder als Zuschauer in fremde Spiele hineinzureden, ja, noch mehr, hineinzugreifen, darf man sich durchaus nicht zu Schulden kommen lassen, wenn man den Wunsch hegt, wenn auch nicht für einen starken, so doch für einen angenehmen und gebildeten Spieler zu gelten, mit dem es ein Vergnügen ist, eine Partie zu spielen. Man unterlasse daher alle nicht lobenswerthen Aeusserungen des Aergers, des Neides, der Eitelkeit, ermüde seinen Gegner nicht durch übertrieben langes Nachdenken, gebe eine Partie rechtzeitig auf, d. h. ziehe dieselbe, wenn man selbst einsieht, dass sie rettungslos verloren ist, nicht nutzlos in die Länge, sondern erkenne das bessere Gegenspiel an und vermeide aussichtsloses Experimentiren, indem man die Partie aufgibt. Auch setze man des Gegners Spiel nicht herab und beschönige nicht durch Scheingründe das eigene schlechte Spiel. Man schütze nicht, hat man eine Partie verloren, Unwohlsein (Kopfschmerz!) vor, sage nicht, „man habe schlecht gespielt", sondern erkenne bereitwillig das gute Spiel des Gegners an. Ist man aber wirklich unwohl, so spiele man lieber gar nicht.

Auch gewöhne man sich nicht daran, nur mit einer Farbe zu spielen, denn dadurch wird man einseitig; in schlechten Stellungen, häufig durch gelegentliche Unachtsamkeit herbeigeführt, verliere man nicht gleich den Muth, sondern suche die Partie mit Ehren durchzuführen; oft wendet sich das Spiel noch.

Am besten lernt man seine Fehler kennen, wenn man nach Beendigung der Partie dieselbe aufzeichnet und sich die Folgen der einzelnen Züge an der Hand der Aufzeichnung klar macht.

Druck von Metzger & Wittig in Leipzig.

LEIPZIG,
DRUCK VON METZGER & WITTIG.

FSC
www.fsc.org
MIX
Papier | Fördert
gute Waldnutzung
FSC® C083411

Zeitfracht Medien GmbH
Ferdinand-Jühlke-Straße 7
99095 Erfurt, Deutschland
produktsicherheit@kolibri360.de